精美居家布杂货

JINGMEI JUJIA BUZAHUO

犀文图书 编著

天津出版传媒集团

天津科技翻译出版有限公司

PREFACE 前言

布艺是一种风靡多年的手工艺，如今，玩布已成为一种时尚。看着那些不起眼的布头，在针线和自己的一双巧手作用下，变成一件件美丽而又温馨的作品，那种成就感和喜悦之情难以用言语来形容。

本书以图片和文字结合的方式，介绍了手工布艺制作过程中运用到的基本材料、基础方法等，并通过呈现一些精美居家饰物实例的制作过程来引导大家学习。与此同时加上各种新颖创意，让初学者或者具有一定基础的手工爱好者，都能从中受到一定的启发，创造出无限可能。本书的作品包括随身收纳的大小包袋、精致实用的纸巾盒以及极具个性的围裙拖鞋等，涵盖居家生活的方方面面。你可以通过模仿学习，制作出同样精美的作品，也可以根据自身的需要，发挥想象和创意，创造出其他具有个人风格的杰作。你会发现，用亲手制作的手工作品为我们的居室增添光彩，让我们的居家生活变得更加温馨美好，是一件幸福的事。

现在，就拿起针线，学好针法，再加上你美好的创意、细致的心思和精巧的手法，创造与众“布”同的居家布艺生活吧！

CONTENTS 目录

Chapter 1 基础体验 1

Chapter 2 随身收纳 7

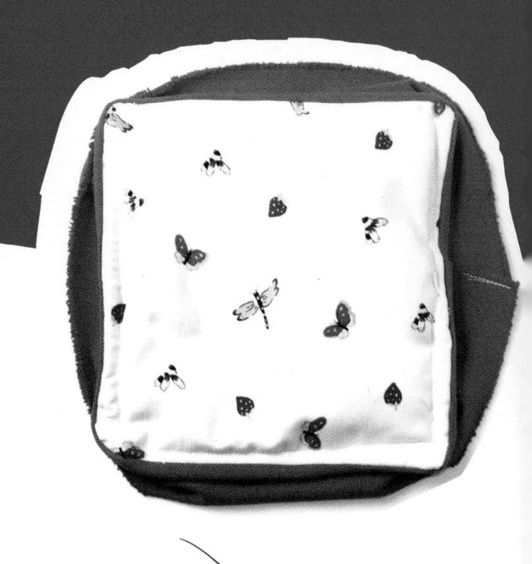

Chapter 3 客厅起居 49

Chapter 4 厨房餐厅 87

Chapter 1 基础体验

基本工具

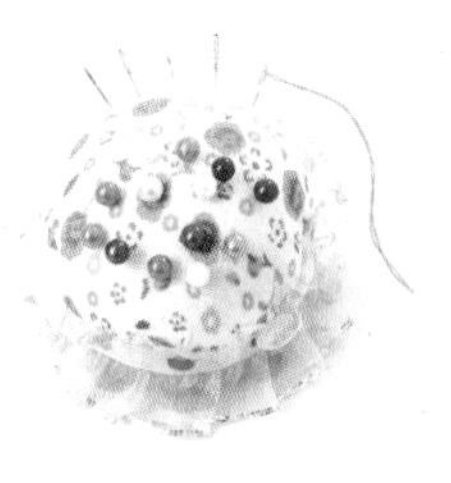

针插：将珠针插在上面，有序排列，要用的时候就能很方便地找到。

熨斗：将布料熨烫平整，使作品制作起来更加有型且精美。

缝纫器：画出纸型后，利用铅笔沿边缘画出所需缝纫的部分。

水消笔和尺子：水消笔用于在布上画图案或做标记；尺子有助于画纸型时标记及度量长度。

线：选择与布料颜色相近的缝线来缝合拼接布料。

铅笔：在制作图案纸或是将图案描摹到布料上时使用。要选择在较轻布料上也能够顺畅书写的铅笔笔芯。

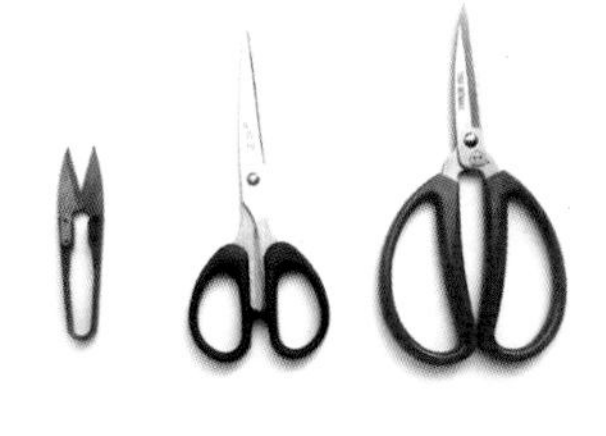

剪刀：线剪、纸型剪、裁布剪，每种剪刀适于不同的场合，把把剪刀精巧有用。

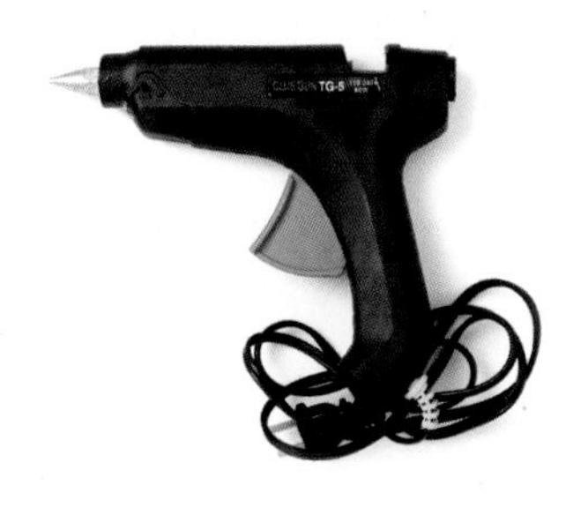

热熔胶枪：用于黏合细小部件，使用前，要保证需要黏合的表面干净，防止杂质堵住枪嘴。

缝纫机：可以提高缝合的效率，也可以让布的缝合针脚更加均匀美观。

顶针：戴在右手中指，常用于在缝线时向前推针。

基本材料

各式花布、帆布等：这是制作手工布艺作品的最基本材料。

蕾丝花边：可以修饰布边。

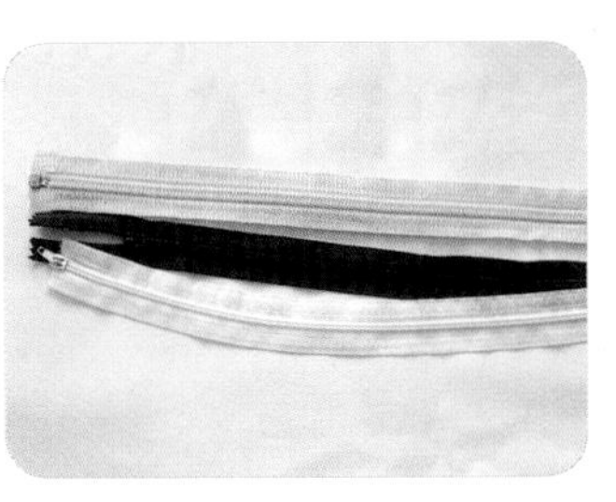

拉链：使物品合并或分离的连接件。

各种颜色线：用来绣小物件或缝制布片。

珠子：可增添色彩，起到装饰作用。

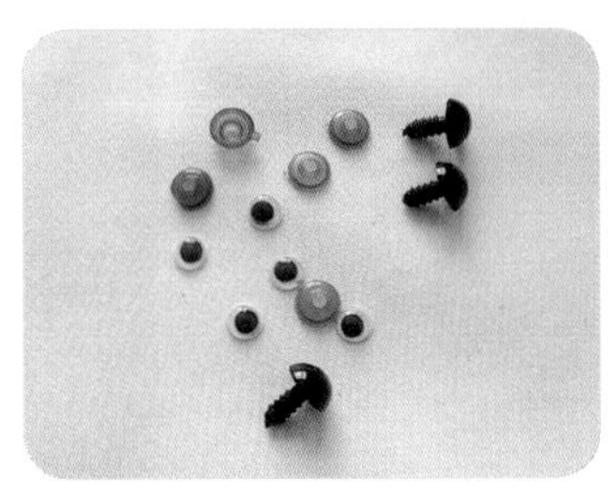

各式玩偶的眼睛、鼻子

纽扣：用来扣合布料的小物件。

铺棉、PP 棉：铺棉在布艺作品中常起着充实衬里的作用；PP 棉常用作填充料。

不织布：又称无纺布，是指不经过平织或针织等传统织布方法制成的布。

小贴士

手工布艺作品的制作流程：准备材料——裁剪——手工缝制（缝纫）——修补（一些不完善的地方）——装饰或黏合（眼睛、鼻子、珠子等）——整理。

基本针法

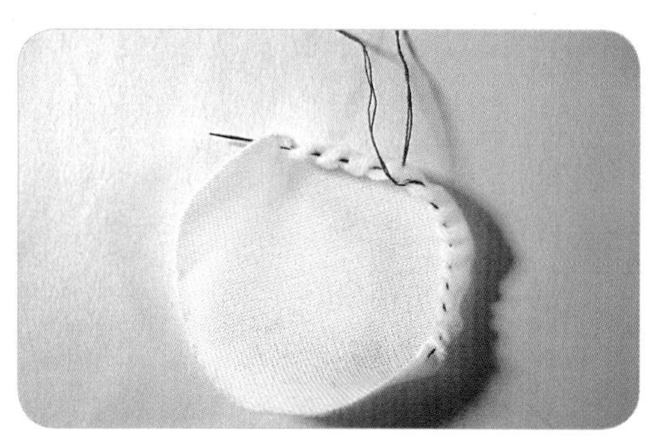

卷针法：一般在制作布艺圆球的时候使用，在起针后连续卷数针再拉出，填充少许PP棉后拉紧就可以了。

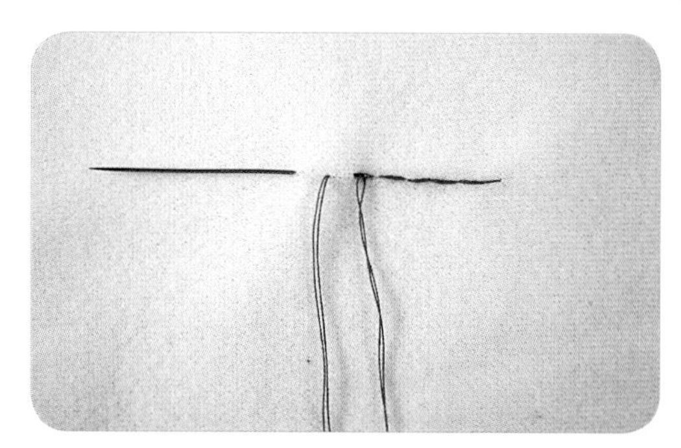

回针法：缝制一针后，再返回缝制一针，可使针脚更结实美观。

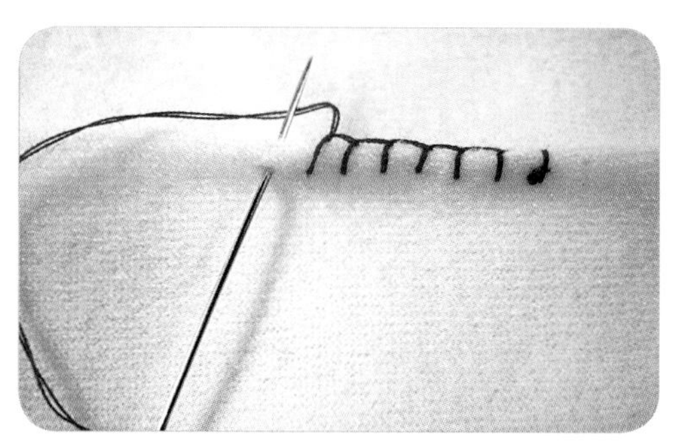

锁边缝法：此针法是为了不让布的边缘出现毛边，一般做不织布作品的时候常用。

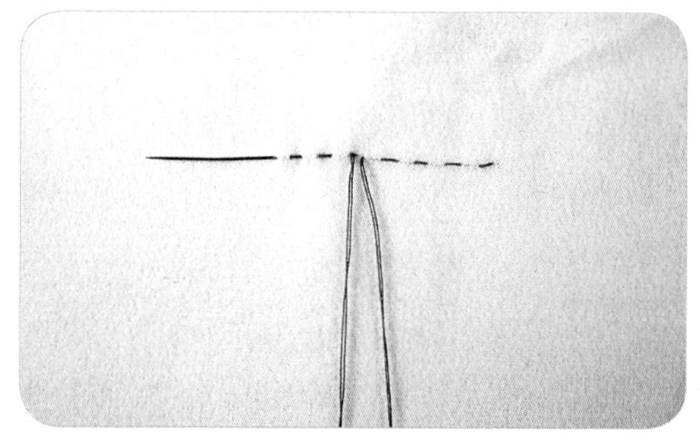

平针法：一般手工布艺常用的针法，起针后连续缝制数针再拉出。

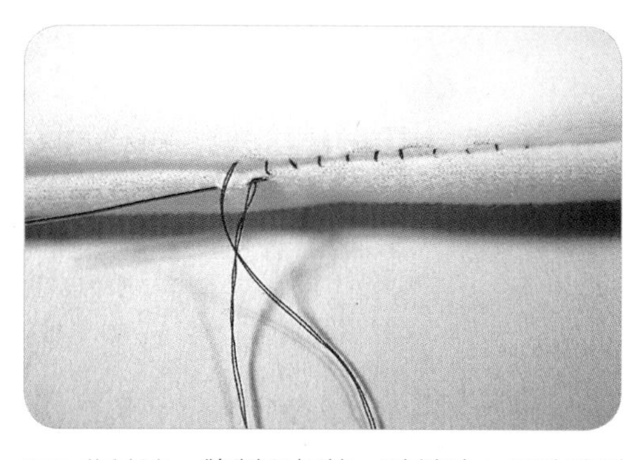

藏针法：缝制翻扣的一种针法，又称隐针法。如果衣服脱线了，也可以用这种针法。

针法专用名词说明：

缩缝：用平针缝后，将线适当拉紧，使布缩成细褶。

缝份：将两片布缝合后，从布边到缝线的部分。

开口：两块布片在反面缝合后，在翻转到正面之前，在凹处缝份剪几下，可使正面更平滑。

返口（翻转口）：两片布在反面缝合时预留的洞口，以便翻转到正面。

入门绣法

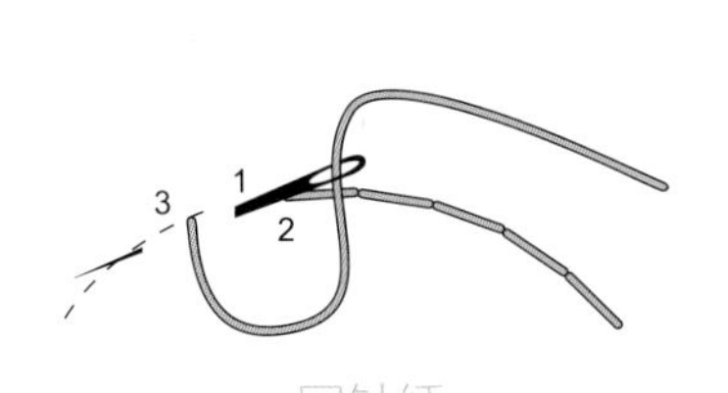

回针绣

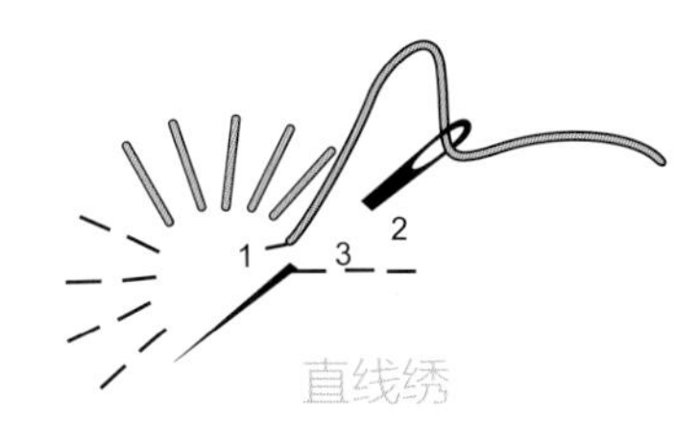

直线绣

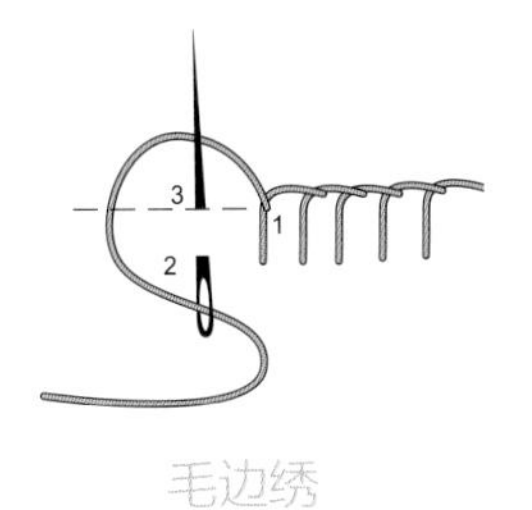

毛边绣

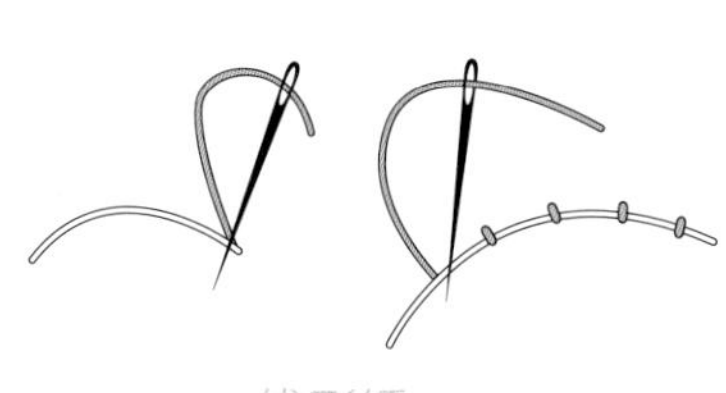

线形绣

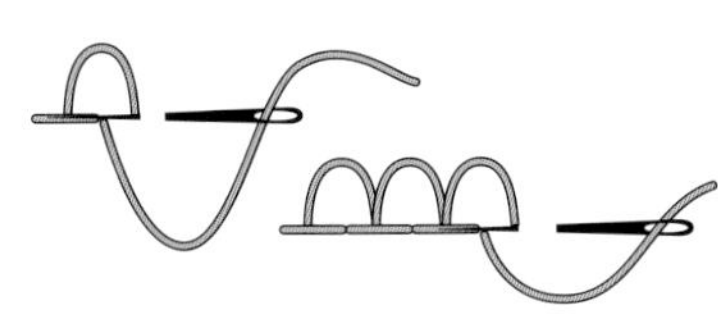

波纹绣

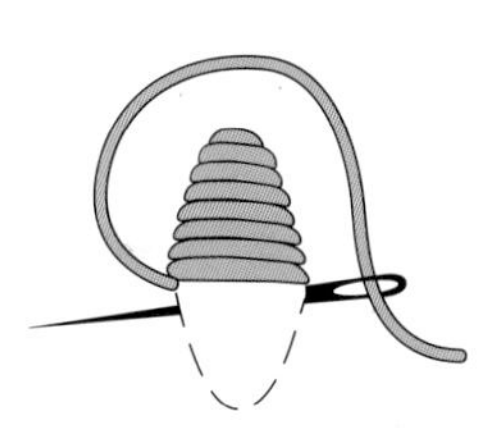

缎面绣

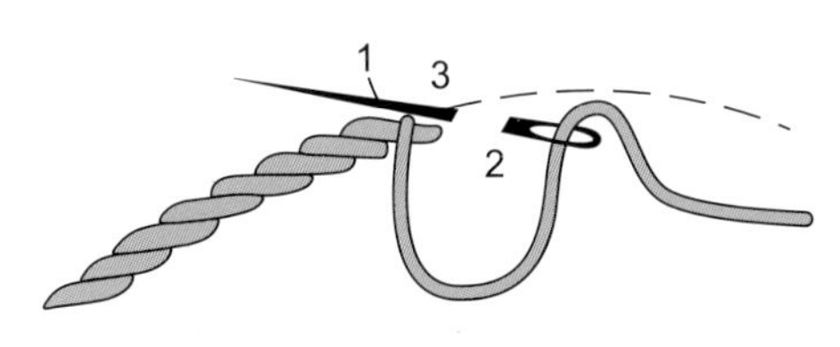

柳针绣

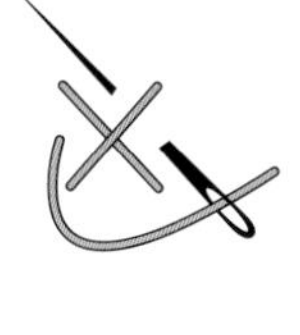

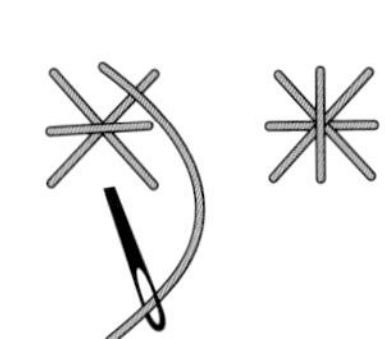

双人字绣

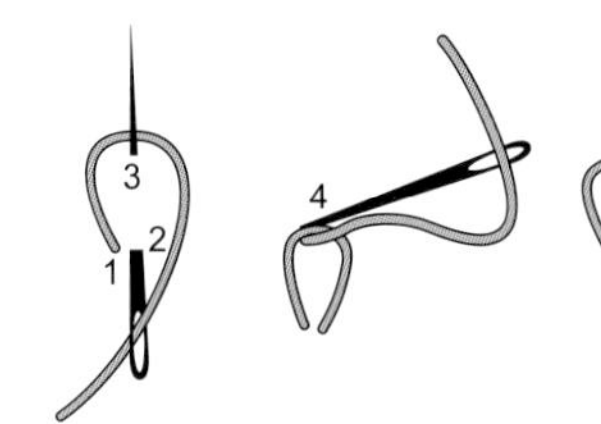

种子针迹绣

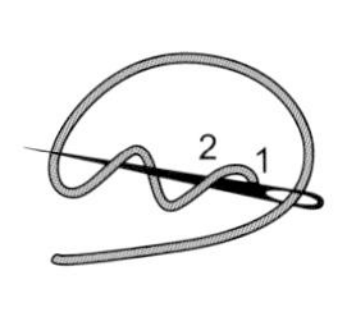

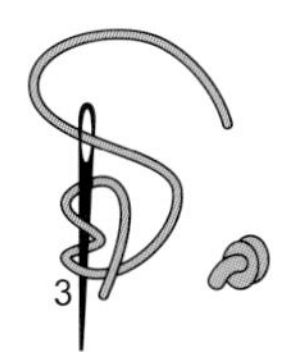

打子针绣

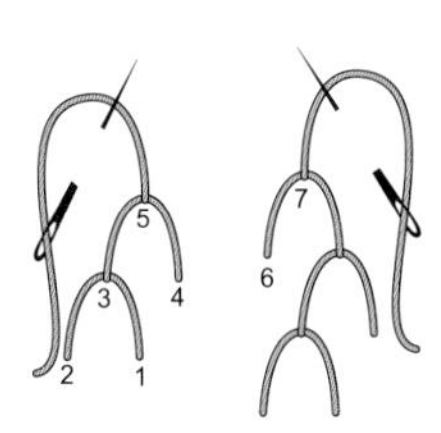

羽毛针绣

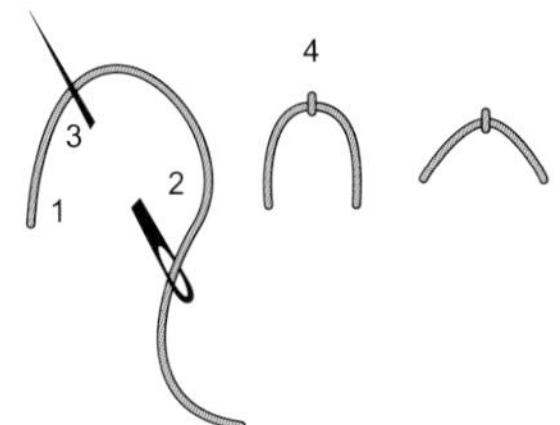

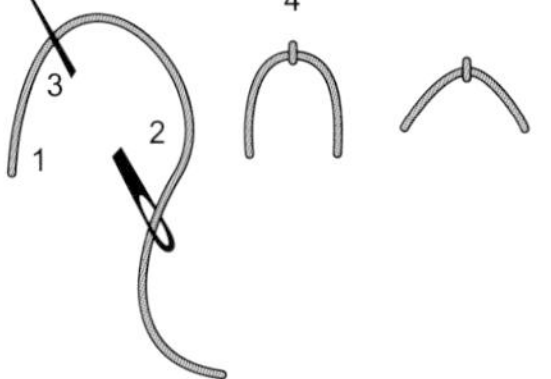

开放式种子针迹绣

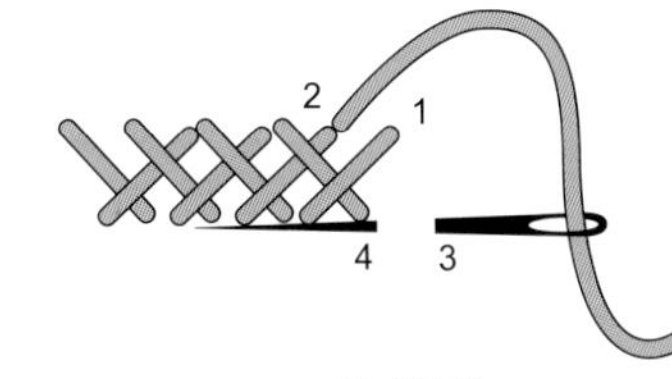

鱼骨绣

关于布

1. 纤维、纺织纤维

纤维是天然或人工合成的细丝状物质；纺织纤维则是用来纺织布的纤维。

植物纤维：棉、麻、果实纤维

动物纤维：羊毛、兔毛、蚕丝

矿物纤维：石棉

再生纤维：粘胶纤维、醋酯纤维

合成纤维：锦纶、涤纶、腈纶等

无机纤维：玻璃纤维、金属纤维

2. 织物组织

定义：纺织品是在织机上由相互垂直的两个系统的纱线，按一定的规律交织而成，使织物表面形成一定的纹路和花纹，这种组织称为织物组织。例如：平纹、斜纹、提花、缎纹等。

3. 织物种类及主要特征

全棉：天然纤维，与肌肤接触无任何刺激，对人体有益无害，吸湿性好，透气，但易皱。

涤棉混纺（涤粘混纺）：不易皱，光洁度较好，撕破强度较好，但易起毛，易产生静电。

粘胶纤维（人造棉）：吸湿性和悬垂性极好，透气。成本低，但缩水率大，湿处理强度差，易皱。

涤纶：吸湿性、透气性不好，易起毛球，静电严重。但保形性良好，撕破强度高，耐磨，光泽度好，表面光滑。

4. 织物的缩水率

定义：是指在洗涤或浸水后，织物收缩的百分数。

（1）越易吸水的纤维——缩水率越大（例：粘胶＞棉＞涤棉＞涤纶）

（2）织物密度越稀——缩水率越大

（3）织物纱支越粗——缩水率越大

（4）织物的织造、印染工艺不同

经向张力大——缩水率大

纬向拉幅越宽——缩水率大

5. 织物的识别

织物的手感是人们用来鉴别织物品质质量的一个重要方面。

手感包括以下几个方面：

（1）织物身骨的挺括和松弛；

（2）织物表面的光滑与粗糙；

（3）织物的柔软与坚硬；

（4）织物的薄与厚；

（5）织物的冷与暖；

（6）织物对皮肤有无刺激的感觉。

Chapter 2
随身收纳

阿皮贴身小袋

材 料

花布，格子布，素色里布，绣线，拉链 1 条，扣子两颗。

制 作 步 骤

1. 如图将所需的材料准备好。

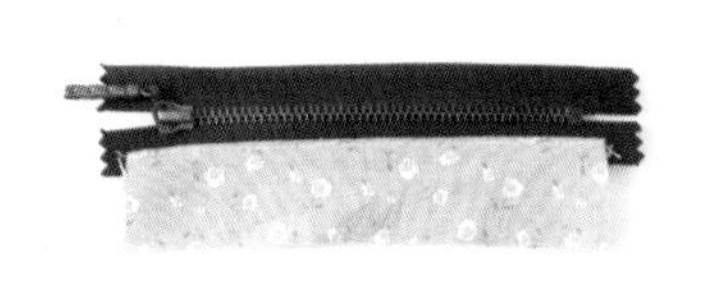

2. 将长方形布条的一边向内折，如图缝在拉链的一侧。

3. 如图将另一布片固定在拉链的另一侧。

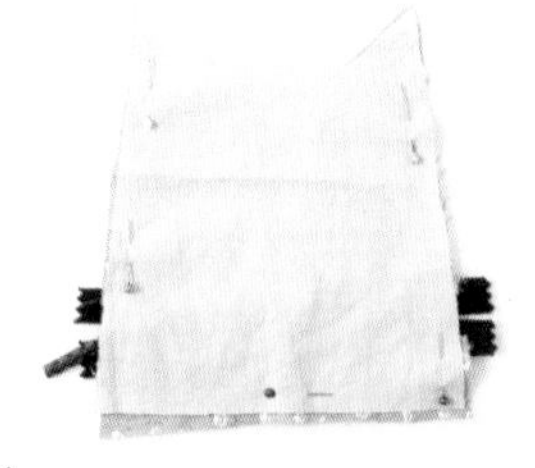

4. 将裁好的素色里布用珠针固定在表布上。

5. 用平针缝合一周，下端留口，再翻至正面。

6. 将两片格子里布相对，用平针缝合，下端留口不用缝。

7. 将表布套入步骤 5 所制作的里布套内，正面相对。

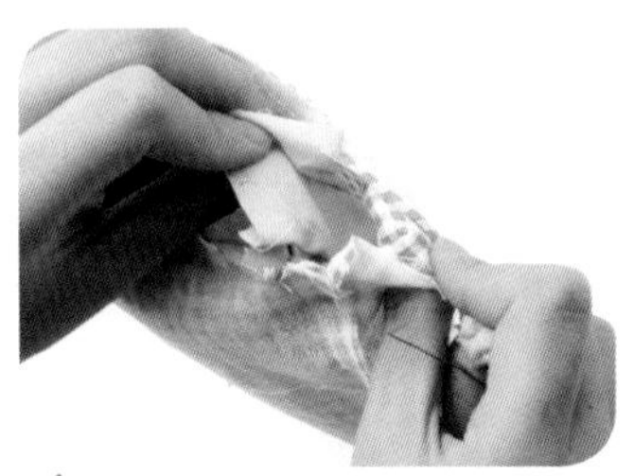

8. 缝合一周，留约 5 厘米的返口。

9. 翻至正面，缝好返口。

10. 缝合下端开口。

11. 将拉链拉开，如图在里布上开一条与拉链长度相同的口。

12. 将里布翻至外面，将步骤 11 中剪的里布开口缝接在拉链上。

13. 缝好扣子，完成贴身小袋缝制。

黑白琴键饰品袋

材料

黑色、白色、翠绿色、黄色、淡红色不织布，绣线，拉链 1 条。

制作步骤

1. 如图将所需的布料剪裁好。

2. 饰品袋正面各小部件摆放位置如图，用水消笔画出琴键。

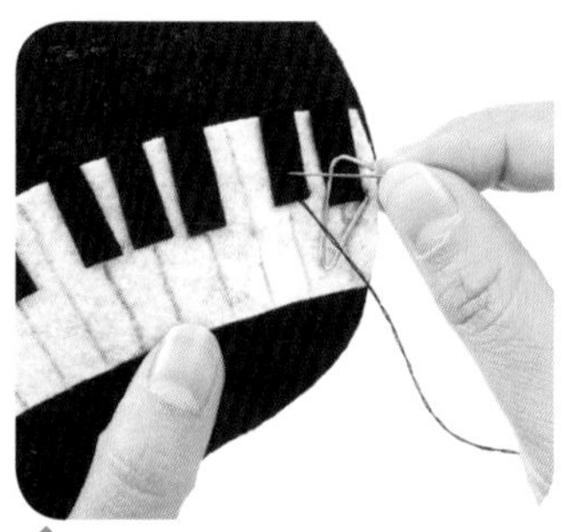

3. 缝制琴键，黑色琴键用平针法缝制。

4. 白色琴键用回针法缝制。

5. 白色边用平针法缝制。

6. 如图用平针法缝上音符。

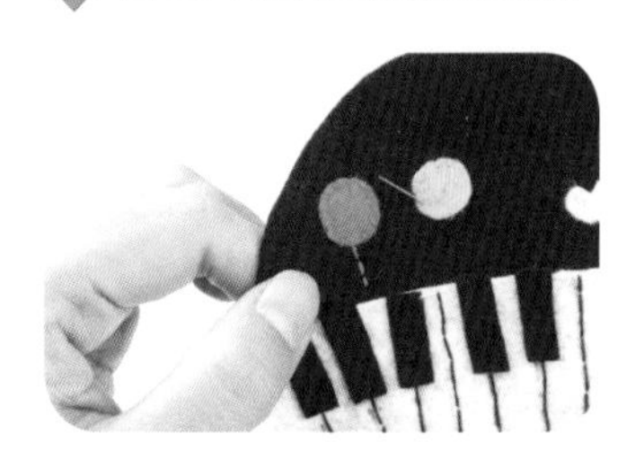

7. 3 个气球的边缘用贴布法缝制，气球牵引线用回针法或者平针法缝制。

8. 缝完后将正面布片与背面布片贴合，装拉链的位置如图，注意先用珠针固定好再缝制。

9. 用平针法或回针法缝合拉链，里外均需缝合。

10. 缝制完拉链，为两片黑色不织布贴合锁边。

11. 作品完成。

迷你小物件收纳包

材 料

各色花布，铺棉，绣线，拉链 1 条。

制 作 步 骤

1. 剪出一些如图所示的布片，并将它们拼缝在一起，共 3 排。

2. 将每排之间也拼缝起来，包的表布就拼好了。

3. 按照图中布片的顺序，在表布下面垫上铺棉和里布。

4. 如图用较大的针脚进行“米”字形疏缝，同时用水消笔画上边长约 2 厘米的方格形压缝线。

5. 按照画好的压缝线，用平针法压线。

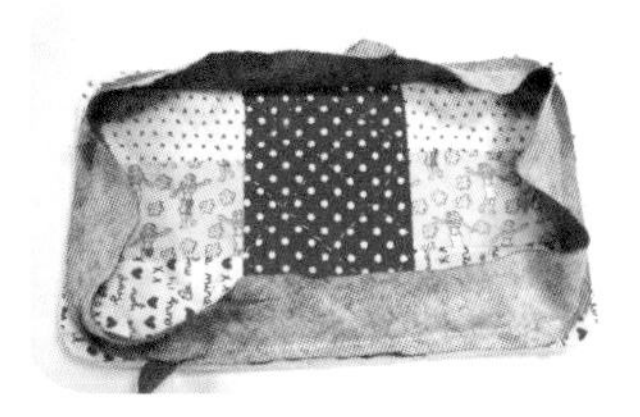

6. 如图，沿包体正面的一圈用平针法缝上滚边条。

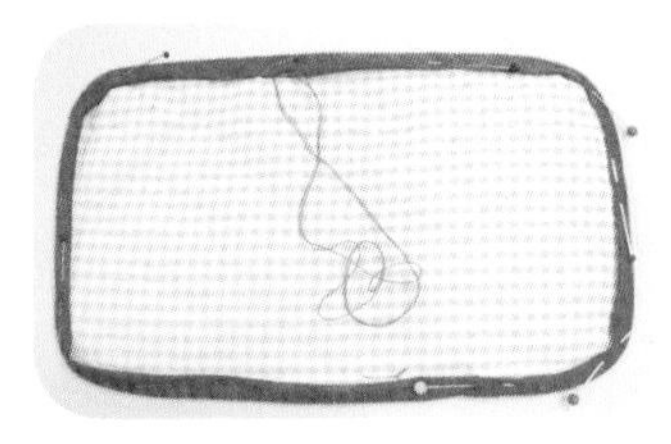

7. 将滚边条翻到反面，折好后用珠针固定，并用藏针法缝合。

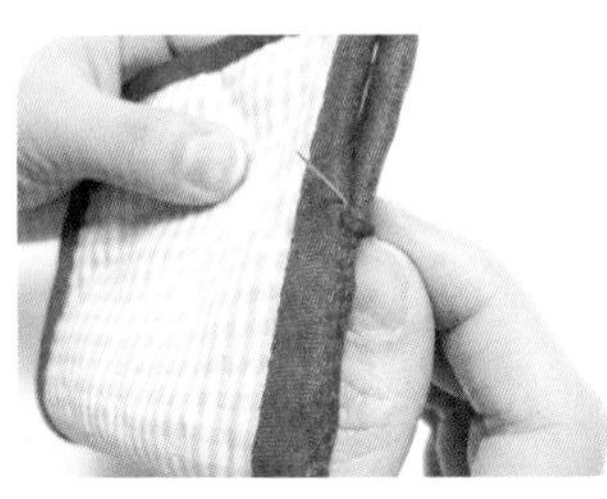

8. 将包体对折，用卷针法将两个侧边缝合，如图所示。

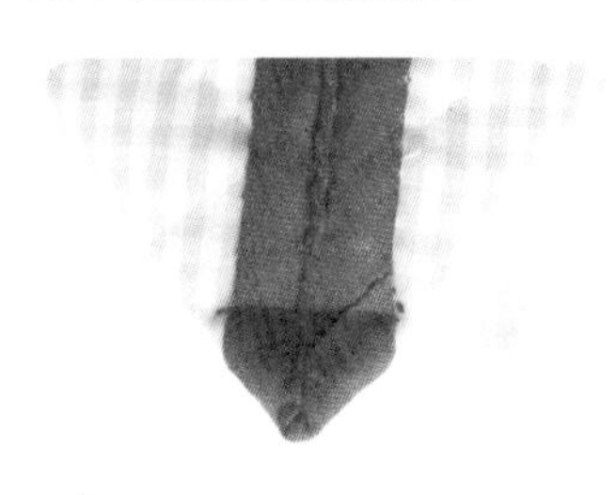

9. 在包侧面折出三角形，增加包的容量，然后缝 1 条 3 厘米的直线。

10. 两侧包底都缝好后的效果。

11. 将拉链的两侧分别固定在包体的背面，并用平针法缝在滚边条的边缘处即可。

12. 作品完成。

热带鱼收纳夹

材料

黄色格子布，蓝底碎花布，铺棉，绣线，花边 1 条，小花 1 袋。

制作步骤

1. 如图将所需材料准备好，将布和铺棉裁好。

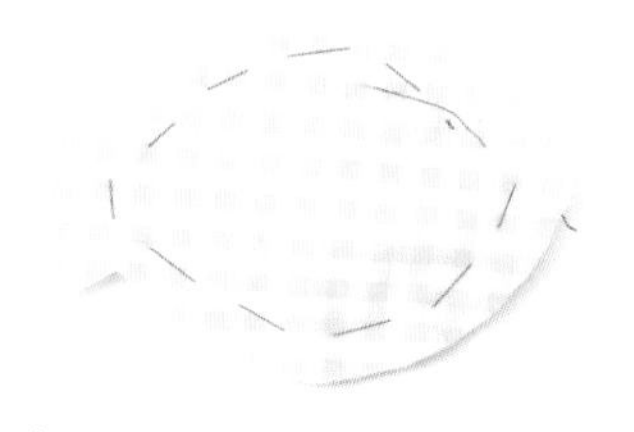

2. 将裁好的黄色格子布与铺棉对齐，用疏缝线缝合好。

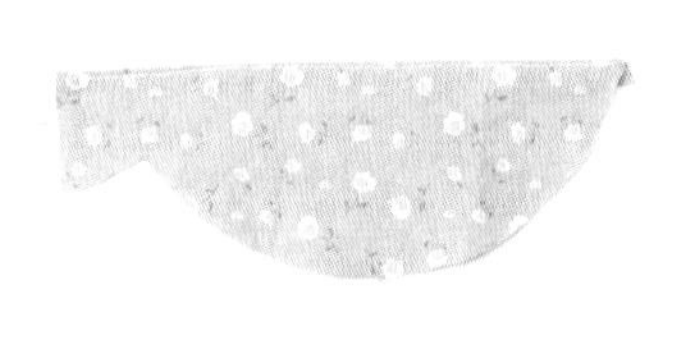

3. 将裁好的鱼形蓝底碎花布直边向内折并缝合。

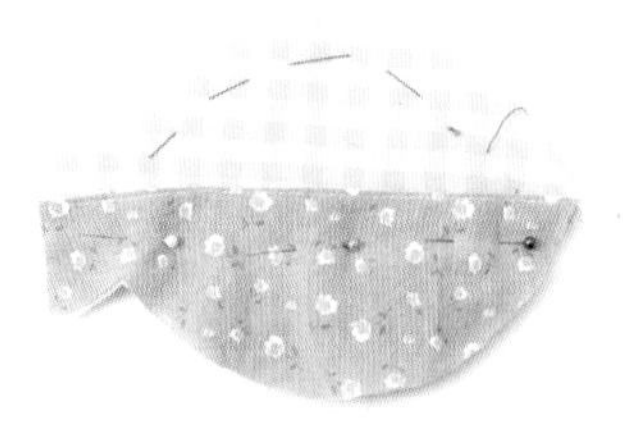

4. 用珠针把步骤 3 固定在步骤 2 上。

5. 如图用花边包在鱼嘴位置。

6. 将裁好的长方形蓝底碎花布块两长边分别向内折，然后对折缝合。

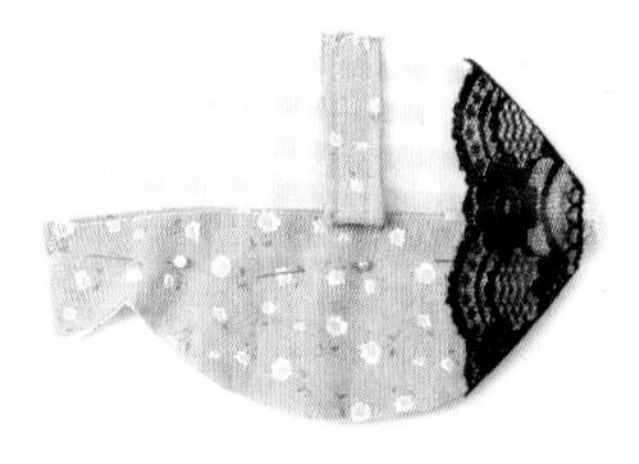

7. 如图拆掉鱼身上的疏缝线，将步骤 6 对折后固定在鱼身上。

8. 将另一片裁好的鱼形黄色格子布放在上面对齐，用珠针固定。

9. 缝合一周，留约 5 厘米的返口。

10. 翻至正面，用线缝合好返口。

11. 下端缝合一周加以固定。

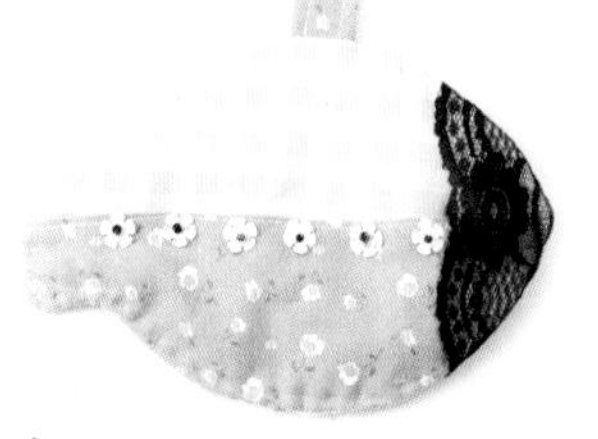

12. 如图缝好小花作为装饰，作品完成。

可爱米妮钱包

材 料

红色、黑色、粉色、白色、米黄色不织布，绣线。

制 作 步 骤

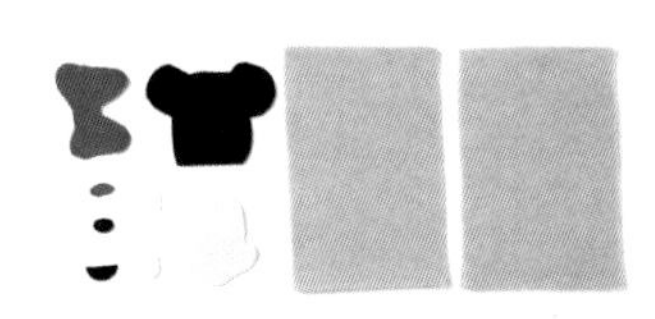

1. 如图剪下所需的各种颜色和形状的不织布。

2. 取红色大片不织布，米妮各部分摆放如图，画出睫毛及嘴形。

3. 将蝴蝶结、耳朵、脸部轮廓贴布缝合，蝴蝶结里面的线条用回针法缝制。

4. 睫毛用直针法缝制，黑色眼珠用直针法密缝。

5. 眼睛下面的黑色线用回针法缝，鼻子用贴布法缝制，嘴巴用回针法缝制。

6. 用贴布法缝好舌头。

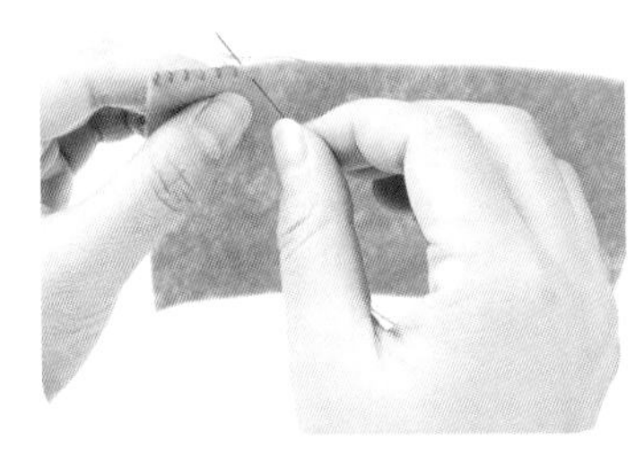

7. 取另外3片红色不织布，每片都进行一边长边的锁边。

8. 3片红色不织布锁边缝后，将其摆放到大片红色不织布上，位置如图。

9. 如图用回形针固定，四周贴合锁边。

10. 作品完成。

嘻哈钥匙包

材料

花布，格子布，绣线，四合扣两对，钥匙排 1 个。

制作步骤

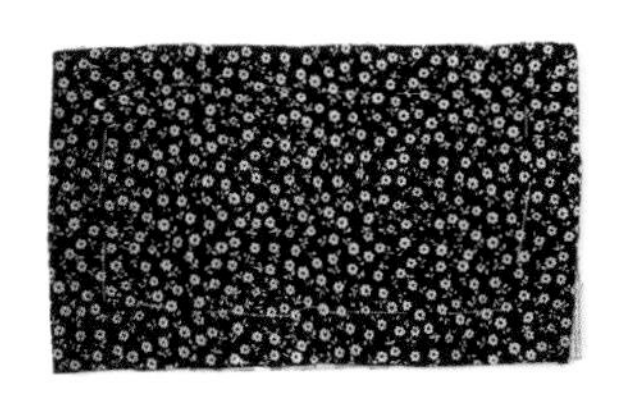
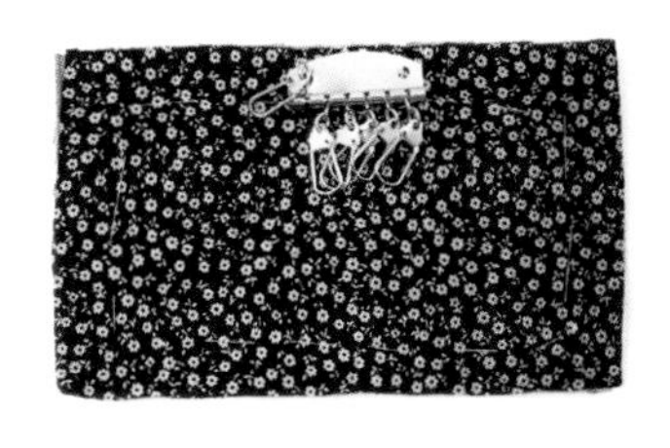

1. 将所需材料准备好，各类布如图裁好备用。

2. 将两块花色布背面对齐，用疏缝针固定好。

3. 将钥匙排固定在里布上。

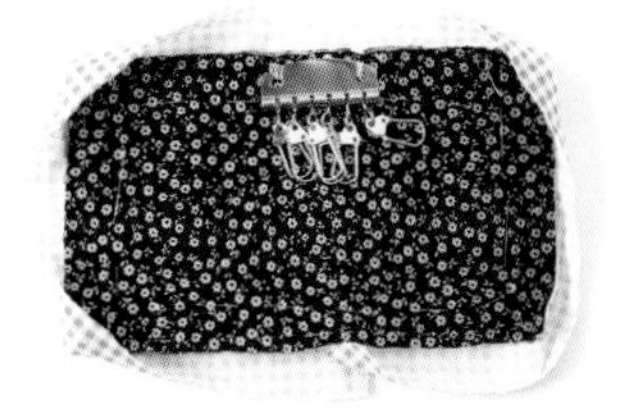

4. 翻至表布的一面，将格子滚边布条用珠针固定在表布上。

5. 用线缝合。

6. 翻至里布的一面。

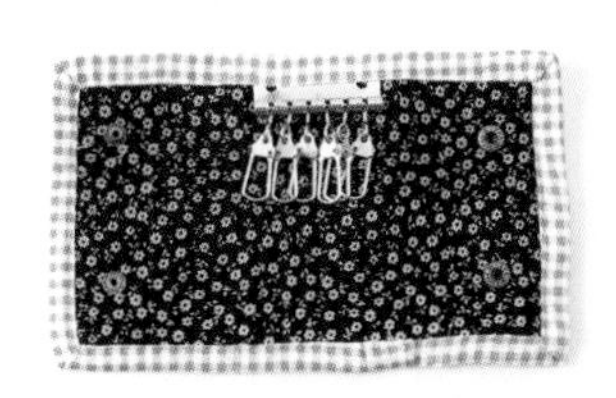

7. 如图缝好滚边布条。

8. 按图上的位置固定好四合扣。

9. 完成钥匙包的缝制。

绿茶蛋糕口金包

材料

绿色帆布，白色帆布，绿色、粉色格子棉布，绣线，8.5 厘米银色口金 1 个。

制作步骤

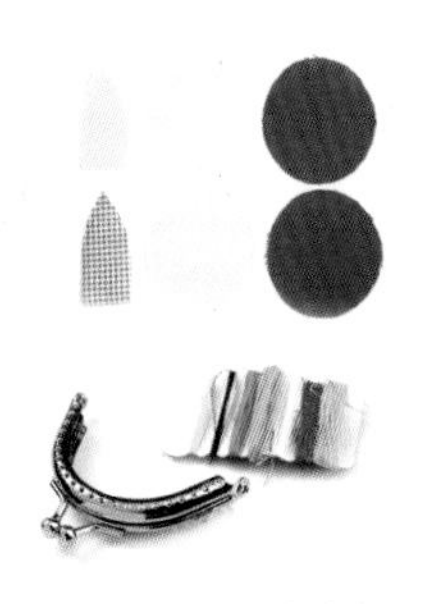

1. 准备好所需的材料，如图将布裁好备用。

2. 用对针缝将白色帆布缝在绿色帆布上，如图所示，用橘色线加重线迹。

3. 再将缝好的表布跟裁好的月牙形格子布缝合好。

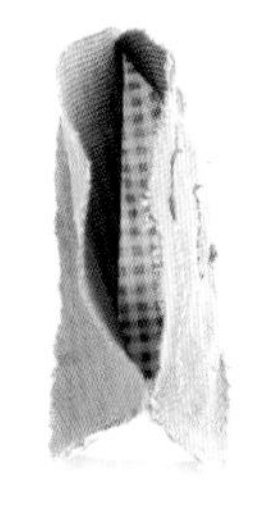

4. 把另一块绿色帆布与月牙形格子布的另一侧缝合好，完成表布缝接。

5. 如图将粉色格子里布缝接。

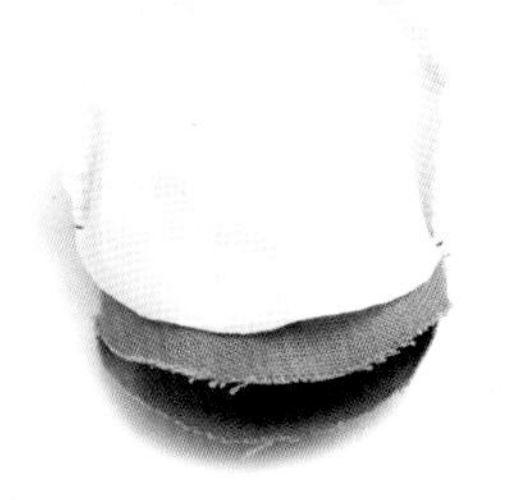

6. 将表布套进里布，正面相对。

7. 用平针法缝合袋口，最后留大约 5 厘米的返口。

8. 由返口处将袋身翻至正面，用对针法缝好返口。

9. 用珠针固定好口金。

10. 用线将口金固定在包身上，完成绿茶蛋糕口金包的缝制。

公主口金包

材 料

红色绒布，各式花布，绣线，8.5 厘米银色口金 1 个，花边 2 条。

制 作 步 骤

1. 将材料准备好，将所需的布裁好备用。

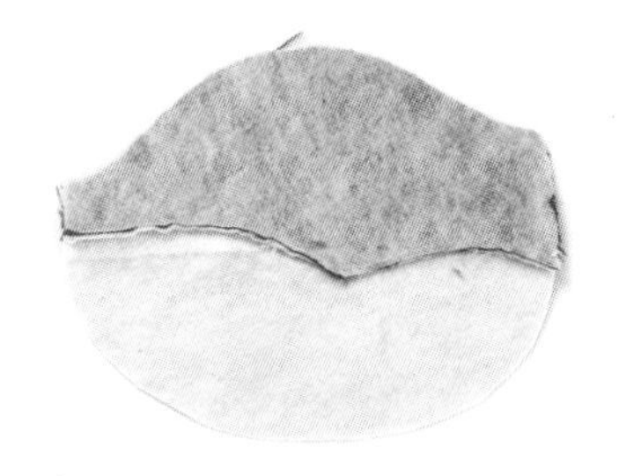

2. 如图将两片表布缝接好。

3. 在缝接处缝上蕾丝边，如此完成一侧表布的缝制。

4. 用同样的方法缝好另一侧表布，并将两侧表布缝合。

5. 将里布用回针法缝接好。

6. 将表布套进里布，正面相对，用平针法缝合袋口，最后留大约 5 厘米的返口。

7. 由返口处将袋身翻至正面，用对针法缝好返口。

8. 用珠针固定好口金。

9. 用线将口金固定在包身上，完成公主口金包的缝制。

简约风格口金包

材料

白色、红色绒布，格子布，绣线，10 厘米银色口金 1 个。

制作步骤

1. 将所需材料准备好，将布片如图裁好备用（白色椭圆形绒布为两片）。

2. 将红色、白色绒布如图两两缝合。

3. 将缝合好的两片组合绒布如图沿着接合点缝合。

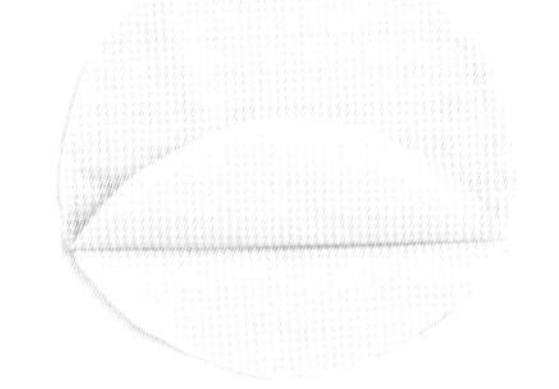

4. 如图缝合里布。

5. 将表布套进里布，正面相对。

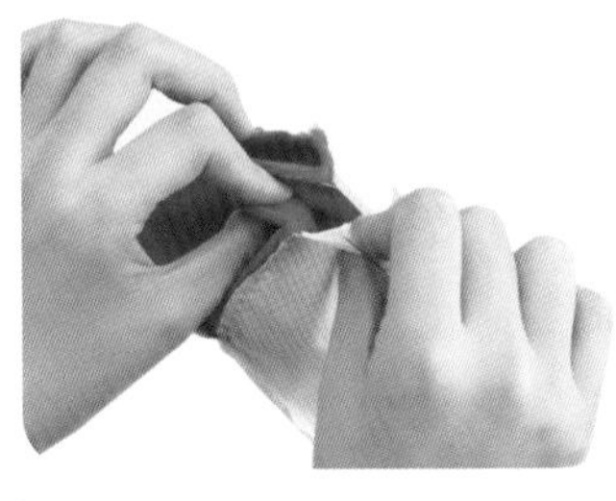

6. 用平针法缝合袋口，最后留大约 5 厘米的返口。

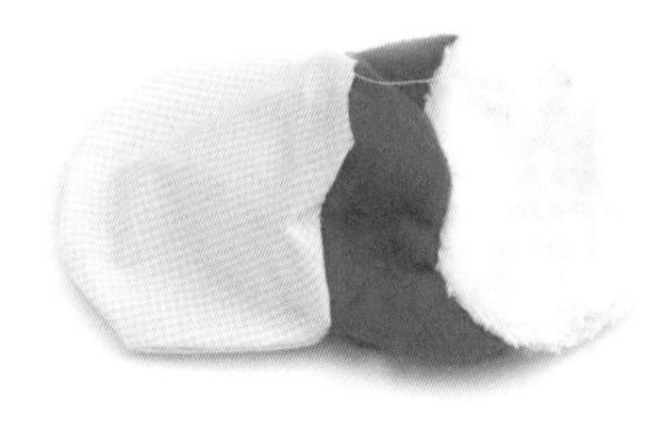

7. 由返口处将袋身翻至正面。

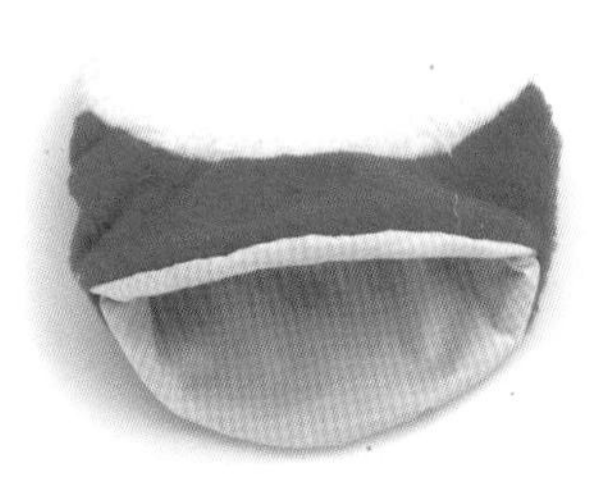

8. 用对针法缝好返口。

9. 用珠针固定好口金。

10. 将口金固定在包身上，完成简约风格口金包的缝制。

田园风手包

材 料

各式花布，纯色布，绣线，拉链 1 条，花边 2 条。

制 作 步 骤

1. 将所需材料准备好，各类布裁好备用（注意：左边的“工”字形布块需准备两块，即花色表布、黑色里布各一块）。

2. 将花色表布用珠针固定在长方形纯色布上。

3. 缝合好两长边，并用气消笔在纯色布上画菱形。

4. 按照笔迹缝纫并缝接好花边。

5. 将表布对折，两端缝接好。

6. 将底部两端缝接。

7. 将另一块黑色里布对折，缝合两端。

8. 将底部两端缝接。

9. 将表布翻至正面。

10. 将表布套入里布内，正面相对。

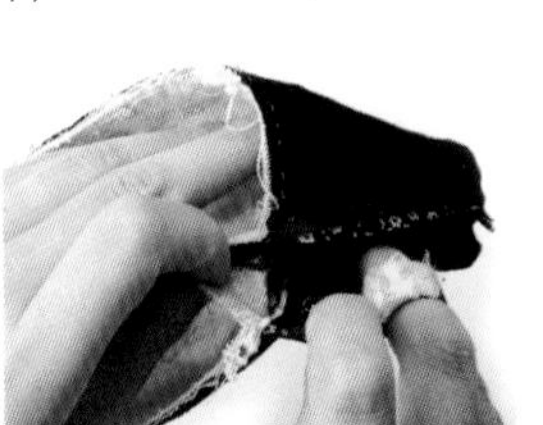

11. 缝合一周，留约 5 厘米的返口。

12. 翻至正面，缝好返口；用珠针固定拉链并缝好，作品完成。

随身杂物小包

材料

红色圆点布，红色方格布，绣线，PP 棉，粉色绳 1 根。

制作步骤

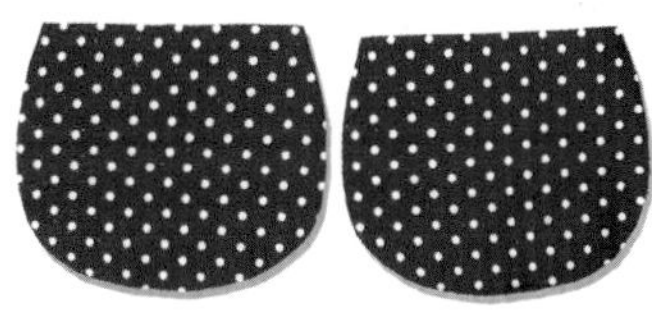

1. 剪出两块如图形状的红色圆点表布。

2. 剪出相同大小的两块红色方格里布。

3. 准备一根宽 3 厘米的红色格子布条。

4. 将布条对折后再对折，并用熨斗烫平。

5. 将布条缝合在其中一块表布上。

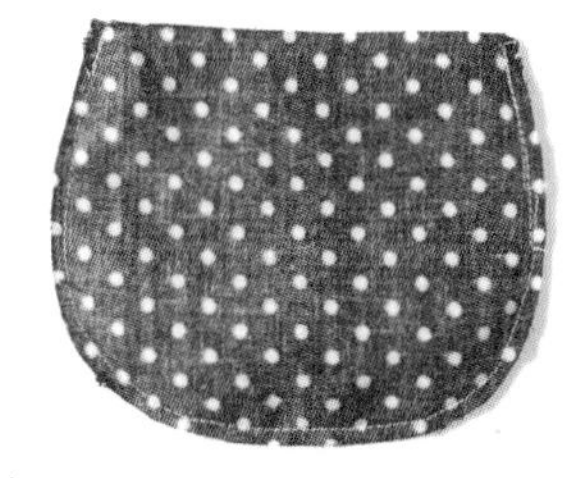

6. 将两块表布相对缝合。

7. 将两块里布正面相对缝合，在布片中间留一个 2.5 厘米的返口。

8. 剪出两块和包口尺寸相同的宽布条。

9. 将两块布条的两侧相对缝合。

10. 将布条如图和包口缝合在一起。

11. 将里布也缝合在一起。

12. 翻转过来铺平。

13. 将返口的毛边向里挽进并将其缝合。

14. 将里布放进表布内，用熨斗烫平。

15. 在包的两侧各挑开一根缝纫线，然后穿入棉绳。

16. 如图缝出两片心形。

17. 将两片心形正面相对缝合，留 1 厘米的返口。

18. 翻转过来，并填充足够的 PP 棉。

19. 将返口用藏针法缝合，在缝制的过程中把棉绳也一起缝进去，可爱的小包就完成了。

熊猫束口袋

材 料

白色、黑色绒布，绣线，黄色棉绳 2 根。

制 作 步 骤

1 剪出 1 块如图形状的布片做熊猫的脸片。

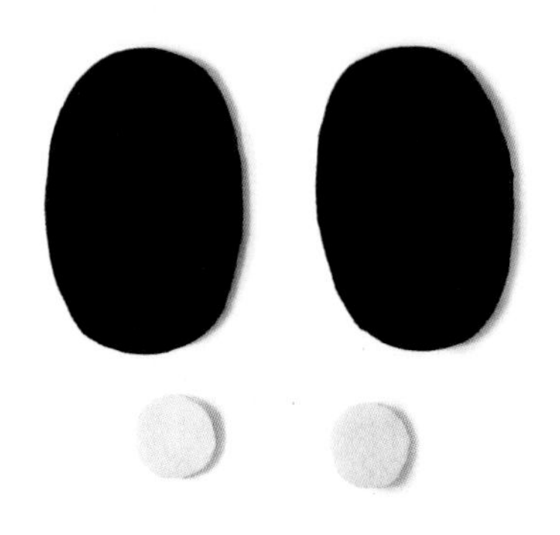

2 剪出两块黑色椭圆形和白色圆形的不织布片。

3 把黑色椭圆形状的布片缝合在脸片上。

4 把白色圆形片缝合在黑色片上。

5 如图把鼻子和嘴用针线绣出来。

6 剪出 4 块半圆形状的耳朵片。

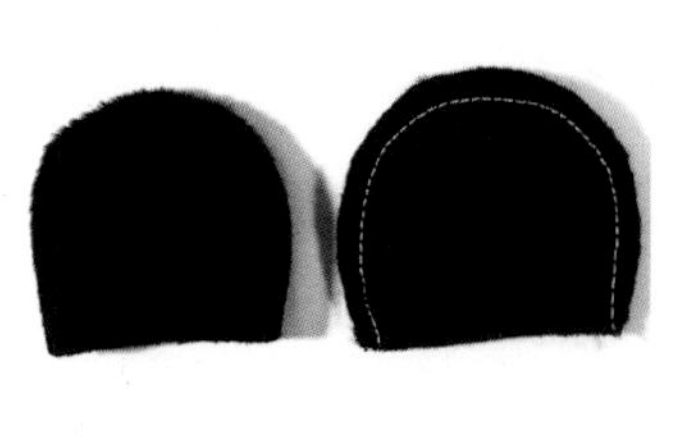

7 每两块正面相对缝合，然后翻转过来。

8 如图把耳朵固定在脸片的两侧。

9. 剪出 1 块和脸片相同尺寸的黑色布片。

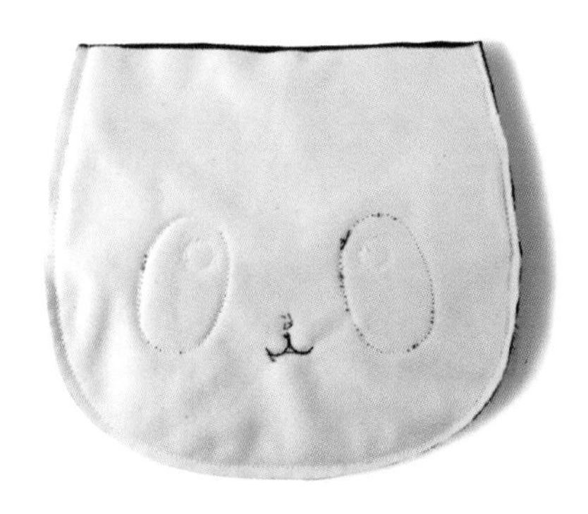

10. 将脸片和相同尺寸的黑色布片正面相对缝合。

11. 翻转过来并铺平。

12. 把袋口向内折进，并缝制 1 厘米的明线。

13. 把挂袋两侧顶端的线轻轻挑开一点，取 2 根棉绳分别从两侧穿过去。

14. 作品完成。

开心小猴相机包

材 料

粉色、咖啡色、深黄色、黄色不织布，填充棉，绣线，按扣 1 对。

制 作 步 骤

1. 如图剪下所需的各种颜色的不织布，用水消笔画出眉、眼等。

2. 小猴身体和脸部各片摆放位置如图，眉毛用回针法缝制，眼睛用直针法缝制。

3. 用直针法缝制出小猴的表情。

4. 小猴脸部轮廓和耳朵及两边的黄色耳饰均用贴布法缝制。

5. 将爱心用贴布法缝在合适的位置，嘴巴用直针法缝。

6. 将小猴与蓝色片贴合缝，将花朵安插好。

7. 将花朵用贴布法缝合，小猴的橙色轮廓也用贴布法缝合，同时缝上尾巴。

8. 耳饰下的褐色底及小猴的手也用贴布法缝合。

9. 小爱心桃用贴布法缝合。至此，正面缝制完毕。

10. 将两片剪好的香蕉形不织布用锁边法将边缘缝合，填充棉花。

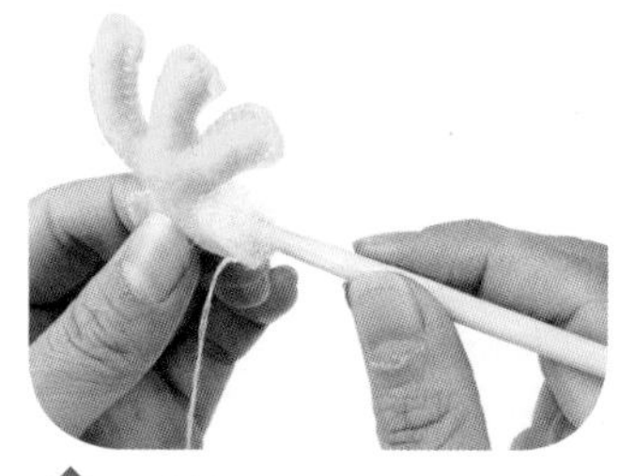

11. 继续缝合，再次填入棉花，再封口，分两次填入棉花，可填充得更均匀。

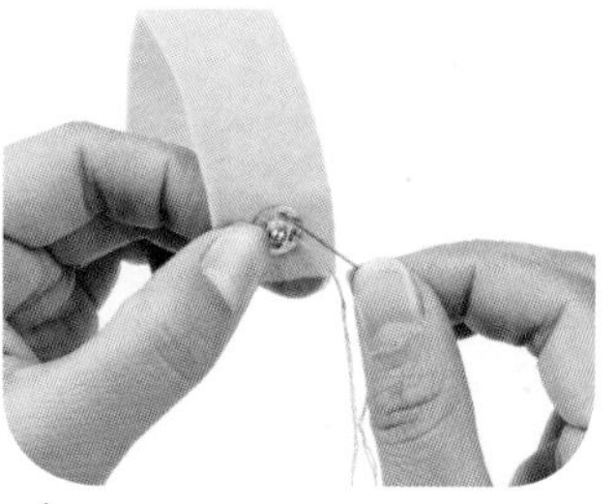

12. 接下来开始连接带的缝合。先在一端安上凸片钮，然后将连接带对折，用锁边法缝合。

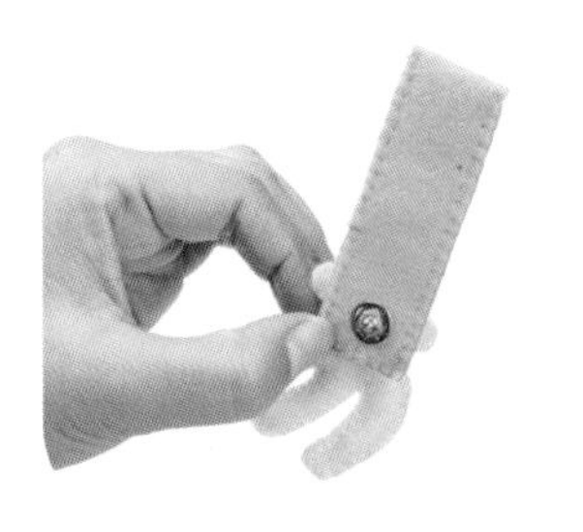

13. 将香蕉与带子缝合在按扣凸片钮的背面。

14. 取另一片蓝色不织布，缝上按扣的另一半。

15. 将两条长边条不织布对齐，用接针法缝两条直线，并在一端进行锁边。

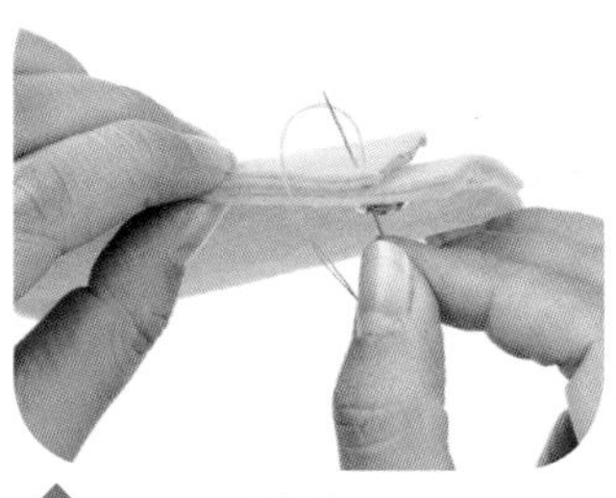

16. 取两片蓝色不织布片与刚缝好的长带进行一边缝合，将安了按扣的那片蓝色不织布放下面。

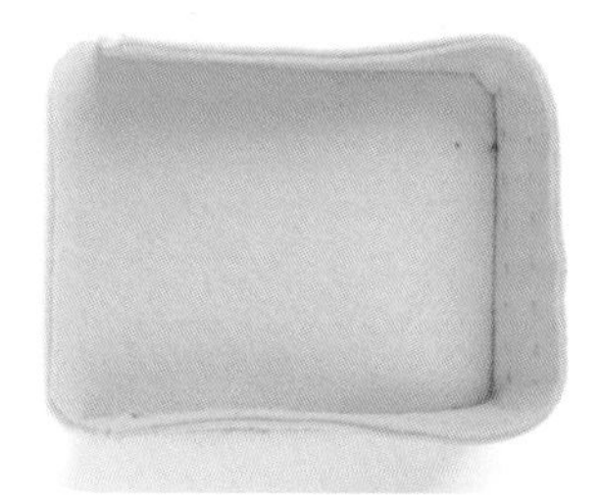

17. 缝合后效果如图。注意半圆边外的缝合，可用回针法固定再缝合，如果缝完后两端长度不一，就剪下长的一端，再用锁边法缝合锁好线。

18. 将已缝制完毕的正面片与上一步骤进行贴合缝制。

19. 缝制完成后如图所示。

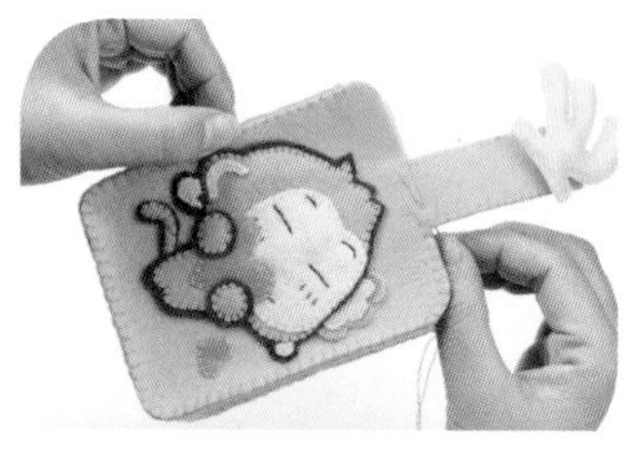

20. 用锁边法缝好入口处，在中间位置安装缝好的连接带子。

21. 作品完成。

淑女零钱包

材 料

暗红色方格布，麻布，铺棉，绣线，拉链 1 条。

制 作 步 骤

1. 如图剪出零钱包的表布。

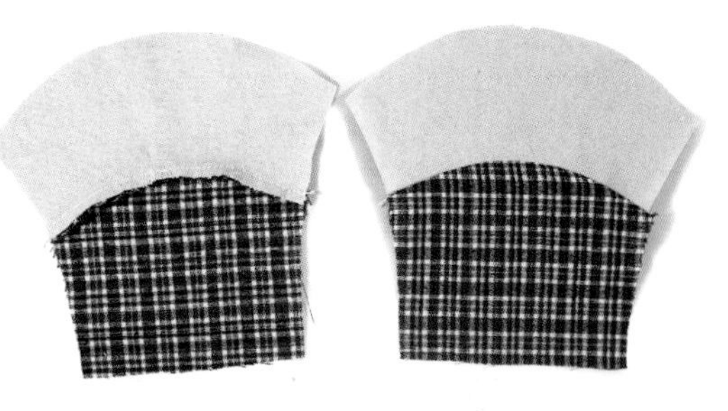

2. 每两块表布缝合在一起，并用熨斗烫平。

3. 剪出两块和表布大小相符的铺棉，和前面的表布一起铺平。

4. 将前后两块表布相对缝合。

5. 把底部的两角对折缝合 1.5 厘米以增大包包容量。

6. 缝制后翻转过来，用水消笔画出可爱的花纹。

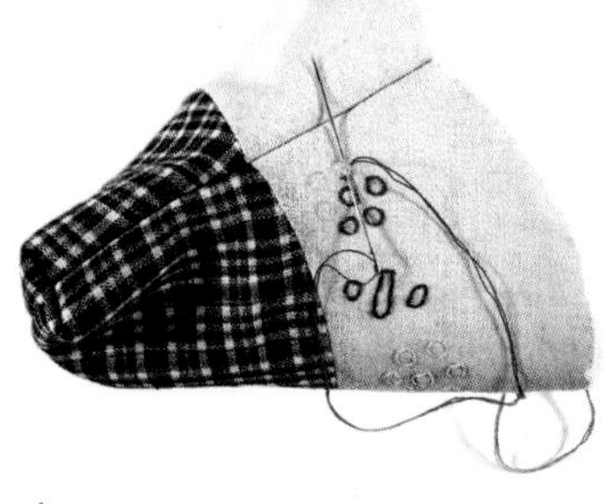

7. 然后沿着画好的纹路用针绣出形状。

8. 绣好后的样子。

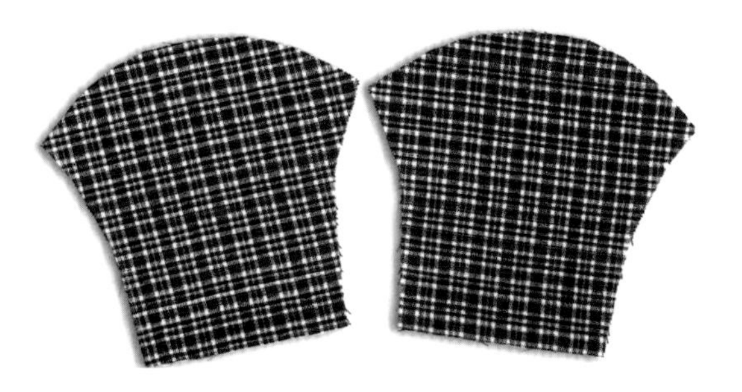

9. 剪出和表布大小相符的两块里布。

10. 将两块里布相对缝合。

11. 里布底部的两角如图缝合。

12. 把缝制好的里布放进缝好的表布内。

13. 如图将里布和表布叠整齐，固定一圈。

14. 剪一块宽 3 厘米的布条用于零钱包包边。

15. 把布条包在零钱包的开口处。

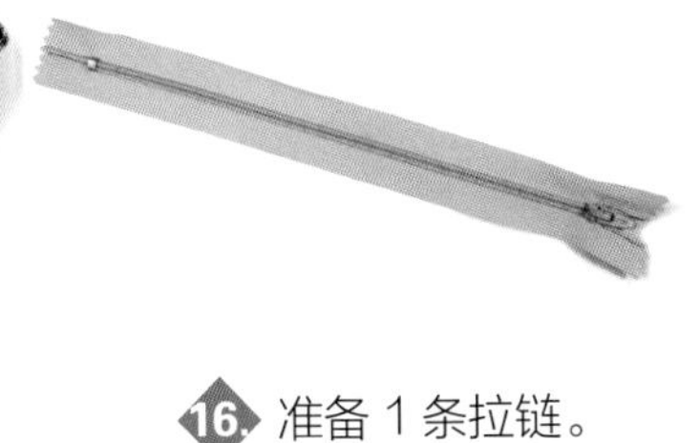

16. 准备 1 条拉链。

17. 将拉链对照包口的尺寸放平，然后缝制在包口上。

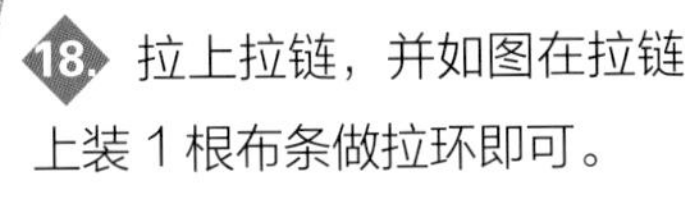

18. 拉上拉链，并如图在拉链上装 1 根布条做拉环即可。

碎花零钱包

材料

花布，格子布，拉链 1 条，扣子 1 颗。

制作步骤

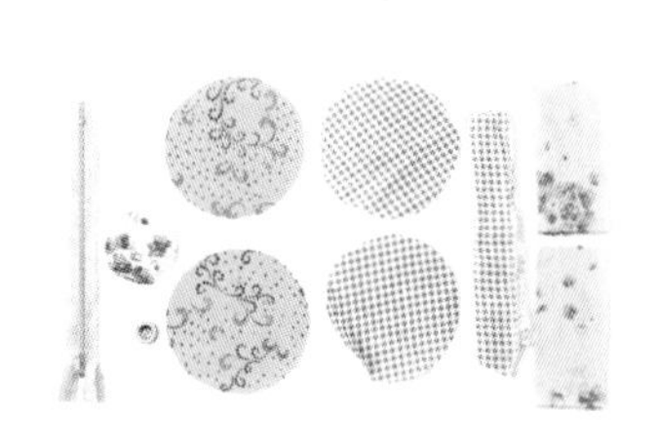

❶ 如图准备好所需材料，将布裁好备用。

❷ 将两片长方形花布分别如图缝合。

❸ 将步骤 2 缝好的长方形花布用珠针固定在蓝色圆布（表布）上。

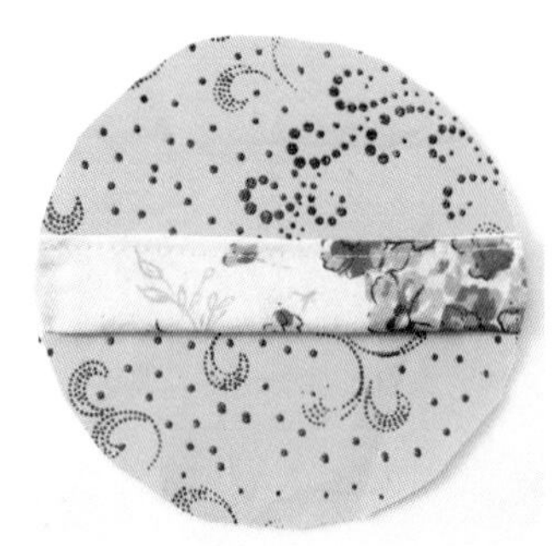

❹ 如图缝好。

❺ 把长方形花布中间收紧。

❻ 在与其垂直的位置固定另一片缝好的长方形花布。

❼ 中间同样收紧。

❽ 将圆形花布边缘向内折一次并缝合。

❾ 如图，在中间放一枚扣子。

10 收紧。

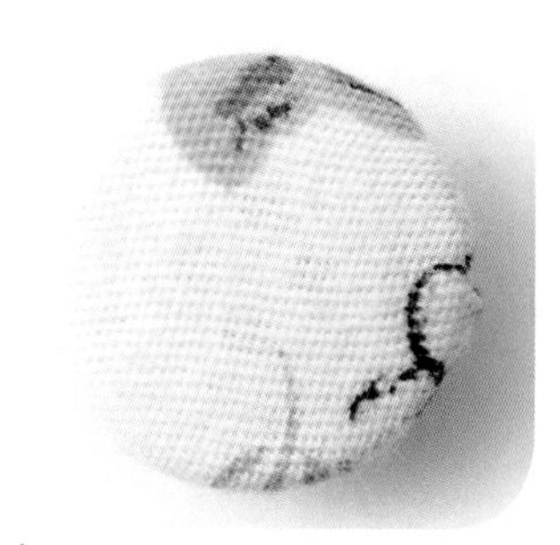

11 布包扣完成。

12 将扣子固定在十字中间。

13 将一片表布与格子里布反面相对，用疏缝针固定。

14 用同样的方法固定好另外两片表里布。

15 如图，用长方形滚边布条绕一周缝合。

16 翻至另一面。

17 缝合好滚边布条。

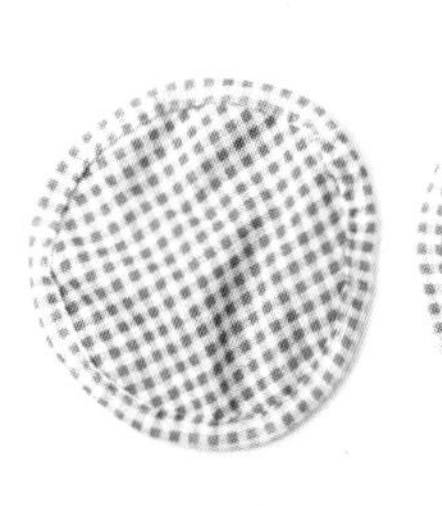

18 将两块表布都用滚边布条缝合好。

19 如图，将钱包的两侧缝合，留出拉链的长度不用缝。

20 用珠针把拉链固定在包口上。

21 缝合好拉链，作品完成。

环保单肩包

材料

花布，麻布，花边，棉绳，铺棉，绣线，扣子 1 颗。

制作步骤

1. 先来制作环保袋的外荷包。裁出 8 块约 5 厘米 ×7 厘米的布片，将其如图拼缝。

2. 将步骤 1 的布片垫上铺棉和底布，并画上压线，然后进行疏缝。

3. 缝好压线。

4. 裁好适当长度的格子布，用于滚边。在滚边的时候如图将黄色吊绳一起缝进去。

5. 滚好边后缝上扣子，外口袋就制作好了。

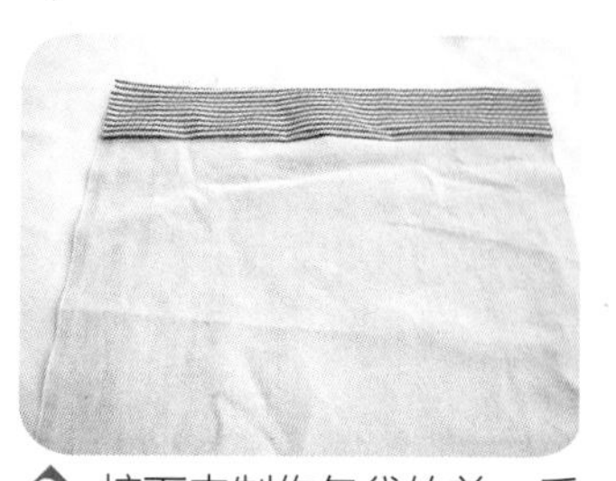

6. 接下来制作包袋的前、后布片。裁出 1 块大约 4 厘米 ×35 厘米的红色条纹布、1 块28 厘米 ×35 厘米的麻布，将两片布拼缝起来。依照同样的方法制作出另外 1 片。

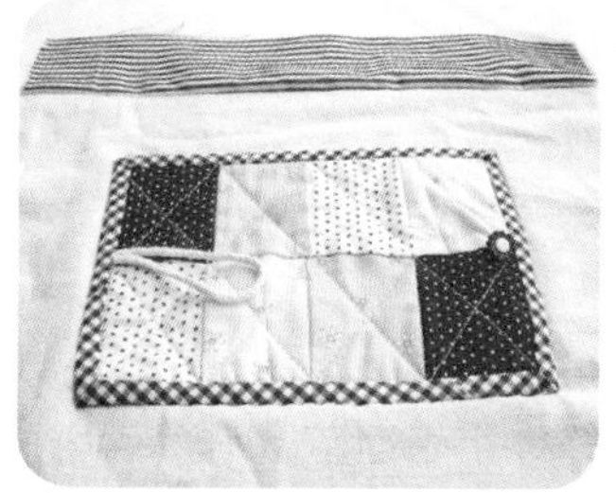

7. 如图将制作好的外口袋用藏针法缝合在适当的位置上。

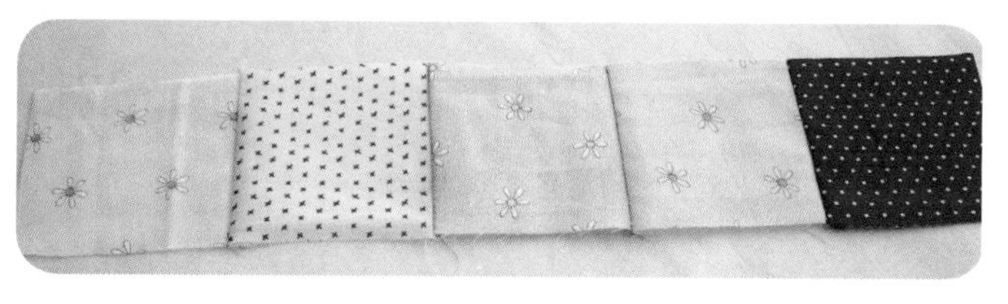

8. 裁出 5 片大约 7 厘米 ×6 厘米的花布，并将它们拼缝起来。

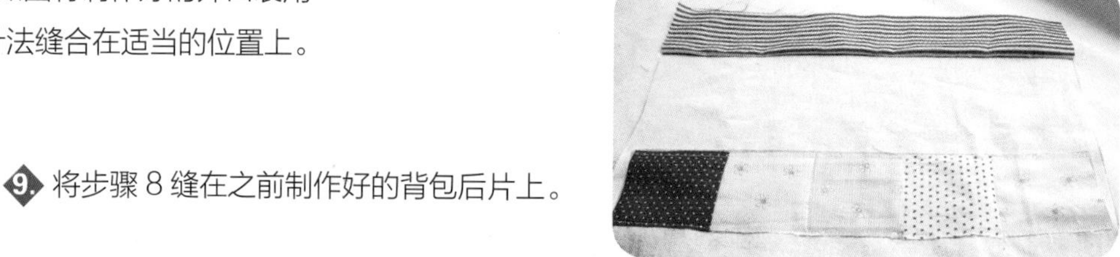

9. 将步骤 8 缝在之前制作好的背包后片上。

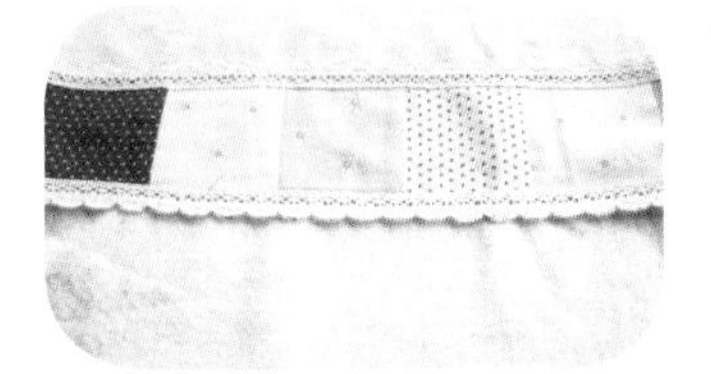

10. 如图，在布片的上下两边缝上花边。

11. 将前片和后片的三边都缝合起来，侧面抓出三角形，缝出包底。

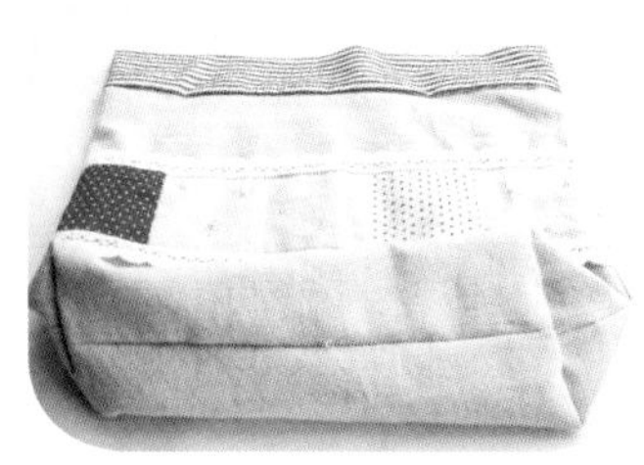

12. 翻到正面后的样子。

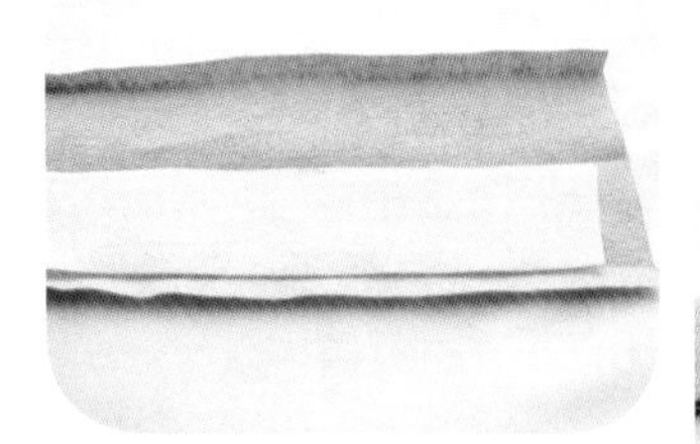

13. 开始制作背包的带子。裁出 1 块大约 10 厘米 ×50 厘米的长条麻布，然后剪出 1 块大约 3 厘米 ×48 厘米的长条棉铺在中间。

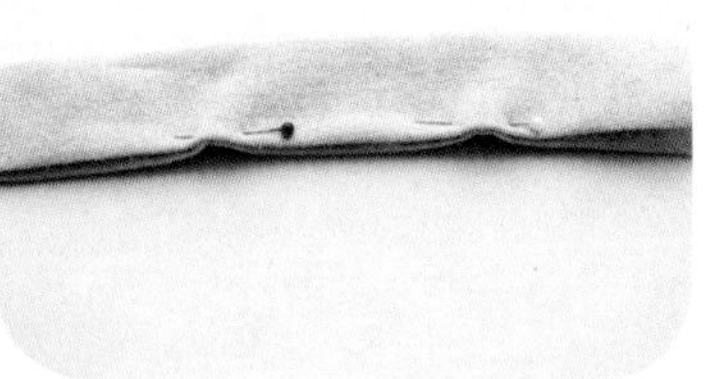

14. 按照图中的折痕对折，然后用珠针固定好。

15. 如图将包带缝好。

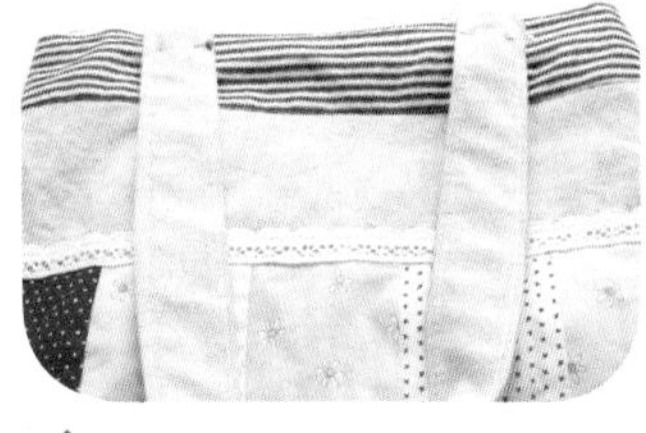

16. 如图将包带固定在背包的袋口。

17. 如图裁出 1 片 70 厘米 ×35 厘米的里布，并缝好 3 边，其中一侧留返口不缝，并缝出包底。

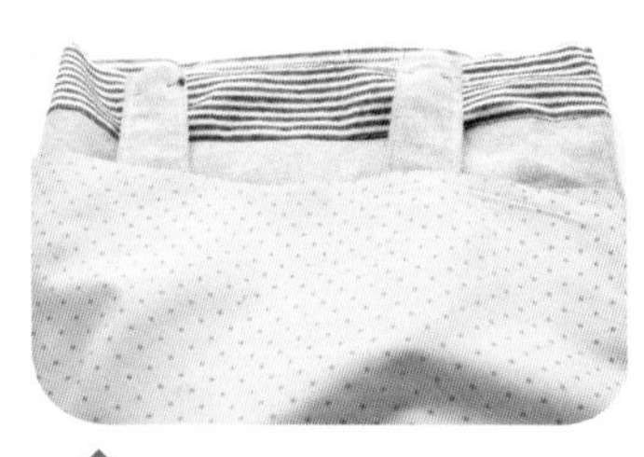

18. 将表袋和内袋正面相对套在一起，并用缝纫机缝住袋口。

19. 从返口处将表袋翻到正面，然后沿袋口缝制一圈，即完成如图所示的样子。

20. 可以将背包按外口袋的大小折叠起来，然后用扣绊扣住，这时环保袋就可以放在大包里随时备用了。

复古口金手挽包

材 料

咖啡色花布，花边，铺棉，绣线，口金 1 个。

制 作 步 骤

1. 如图，裁出 12 片长条形咖啡色花布，然后将 6 个颜色拼缝成一大块，共两块，手包表布的前片和后片就缝好了。然后按照手包的表布大小裁好里布的前后片。

2. 将前后两片表里布之间分别垫上薄铺棉。

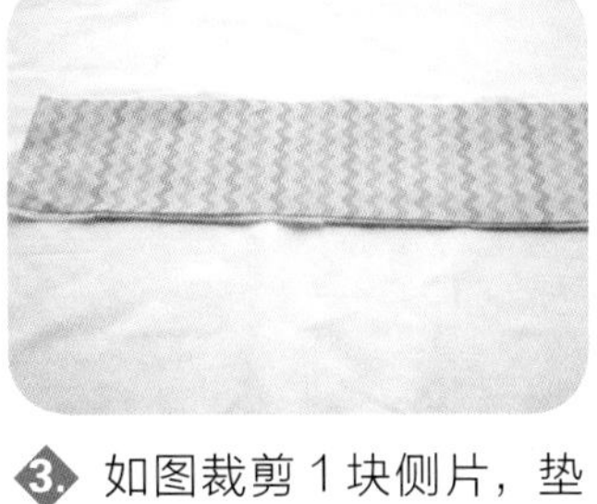

3. 如图裁剪 1 块侧片，垫上薄铺棉。同时按表布的前后片及侧片的尺寸裁好里布的前后片和侧片。

4. 如图，将前后片落针压线，然后缝上两条白花边，侧片上压 3 道缝线即可。

5. 裁剪 1 块布片作为内袋，对折后缝上 3 边，并留出 1 个返口。

6. 翻至正面，缝合返口，然后将内袋缝在里布的后片上。

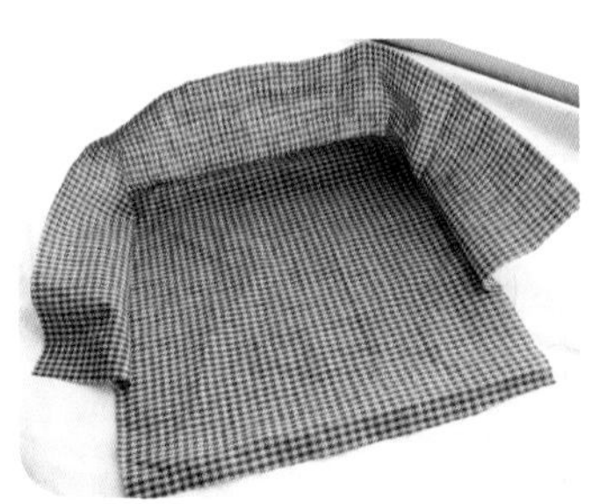

7. 如图所示，将里布的前片和侧片缝合，底部留出返口。

8. 将后片也与侧片进行缝合，内袋即制作完成。

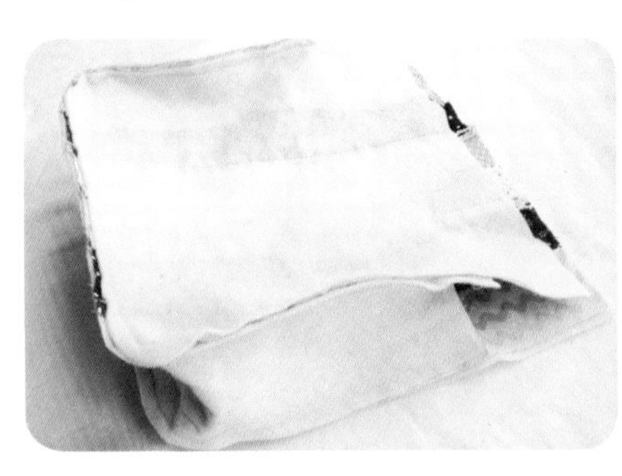

9. 将表布也按照内袋的方法进行缝合，使它成为外袋。

10. 将外袋翻至正面，如图所示。

11. 将内袋和外袋正面相对套起来。

12. 沿袋口用针缝制 1 圈。

13. 从内袋预留的返口处翻至正面。

14. 翻至正面后的样子如图所示，用藏针法缝好返口。

15. 将袋口的正面缝制一圈并压实，再在距离袋口 5 厘米处缝制两道线，用来穿口金。两道线之间的距离为 1 厘米。

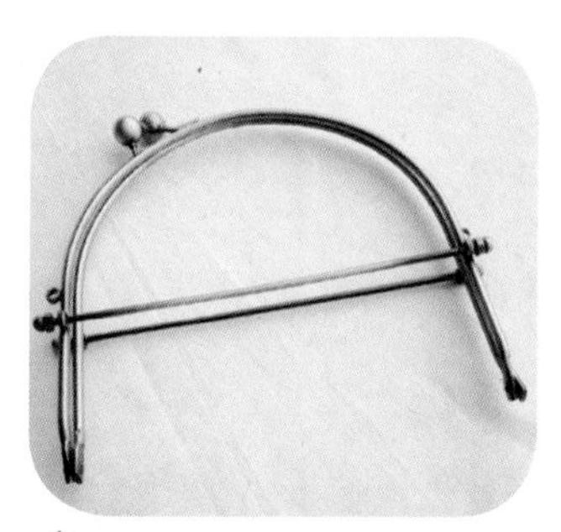

16. 口金的样式如图所示。

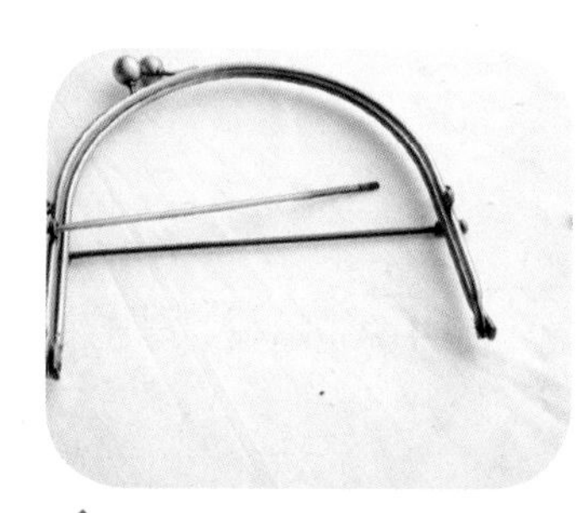

17. 将口金一侧的螺母拧开。

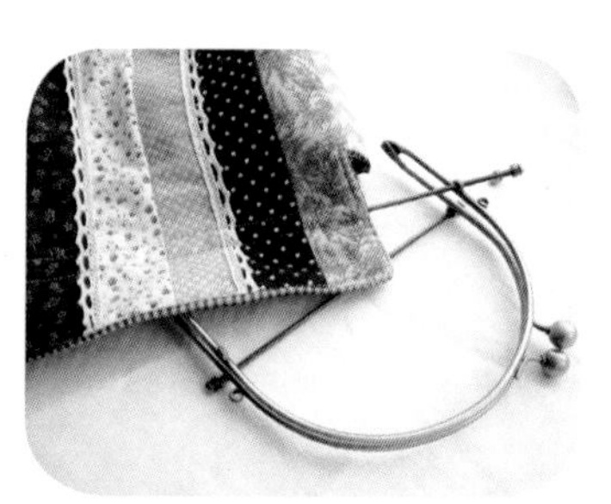

18. 将横杆穿进步骤 15 缝的两道线之间。

19. 将两边的横杆穿好并固定，复古口金手挽包就制作完成了。

Chapter 3 客厅起居

南瓜收纳筐

材 料

红色方格布，深红色条纹布，绣线，PP 棉。

制 作 步 骤

1. 剪出直径为 25 厘米的圆形表布一块。

2. 剪出一块直径为 2 5 厘米的圆形里布，并在里布的中心画出一个直径为 11 厘米的圆形，然后在周围画出如图所示的辅助线。

3. 准备好 1 块直径 11 厘米的圆形铺棉。

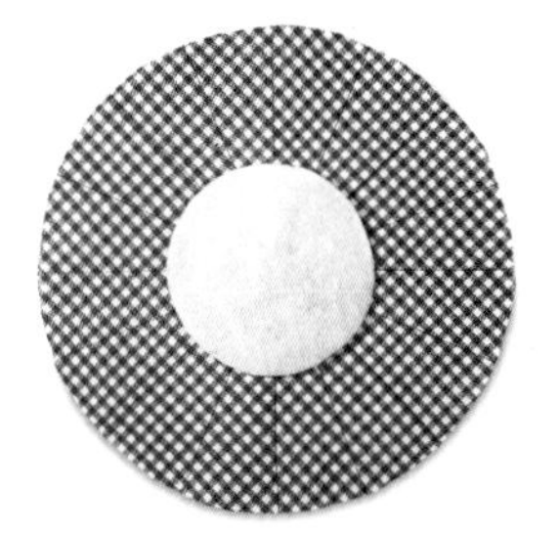

4. 将铺棉放在里布的圆中间。

5. 表布和里布反面相对，中间夹圆形铺棉，并且按照辅助线压出明线。

6. 在每个小格中填充足够的 PP 棉。

7. 如图缝合开口，整理形状。

8. 取 1 块花边如图围绕 1 圈固定。

9. 制作包边条，先两边向内对折，然后再对折。

10. 将布条的一侧和筐口缝合在一起。

11. 用藏针法将筐口内侧缝合。

12. 作品完成。

柔软泡芙垫

材 料

红色圆点布，花布，白色布，PP 棉，绣线。

制 作 步 骤

1. 裁出如图所示的 9 厘米 ×9 厘米的花布 39 片、红色圆点布 10 片及 7 厘米 ×7 厘米的白布 49 片。

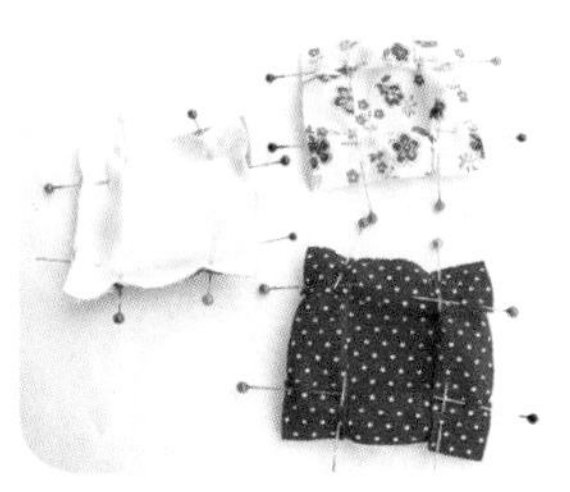

2. 将花布、圆点布的每个边各打两个 1 厘米的折，并将它和白布用珠针固定在一起，如图所示。

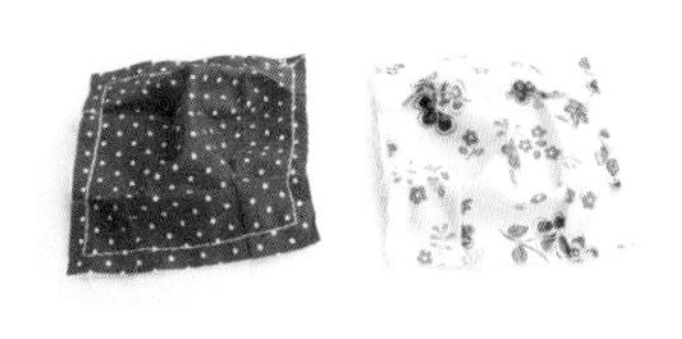

3. 将步骤 2 沿边缝制 1 圈。

4. 按照心形的图样分布，将布片缝成一排排的，如图所示。

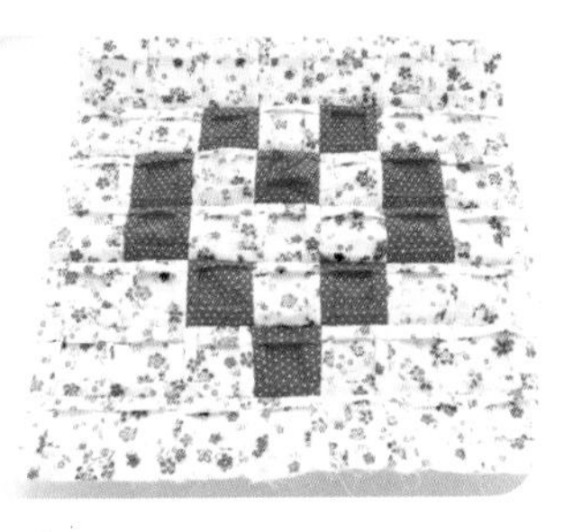

5. 如图，将所有布片拼缝成 7 行 7 列的整体，即完成了泡芙坐垫的表布。

6. 如图缝制 1 条荷叶边，长度为步骤 5 完成的泡芙坐垫表布的周长。

7. 将荷叶边缝在坐垫表布的边缘 1 圈。

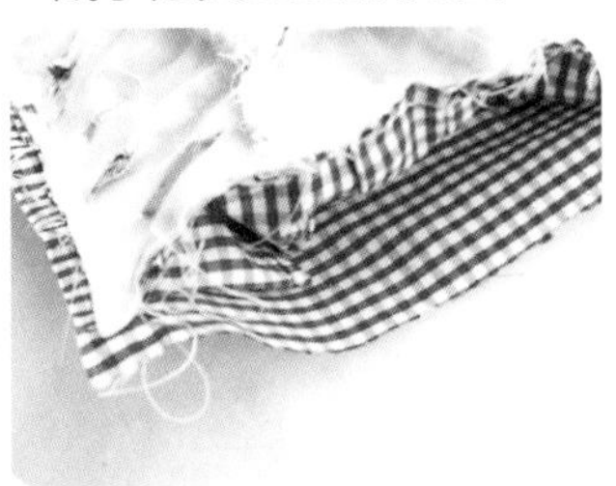

8. 裁出 1 块底布，并和步骤 7 正面相对缝制一圈，预留返口。

9. 在背面的白布上剪 1 道小口，塞入 P P 棉后用卷针法封口。

10. 翻到正面，缝合返口，作品完成。

格子情侣眼罩

材 料

各色格子布，铺棉，绣线。

制 作 步 骤

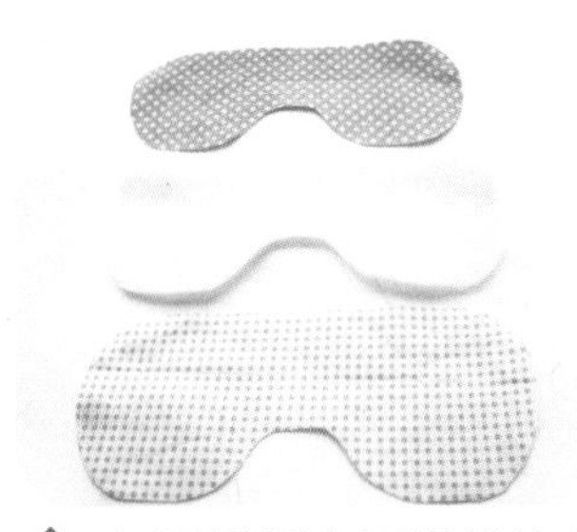

1. 如图根据自己眼部的大小剪出所需眼罩的形状，表布、铺棉和里布共 3 片。

2. 剪出两个心形布片，在低凹处剪好牙口，包上心形纸型。

3. 沿心形平缝 1 圈后，抽紧，将缝份烫伏贴后，取出纸型。

4. 翻到正面烫好后的样子。

5. 将心形用藏针法贴缝在眼罩上，与此同时在眼罩表布下垫上铺棉，沿心形压线。

6. 垫上底布后滚边，先滚好其中一边，如图所示。

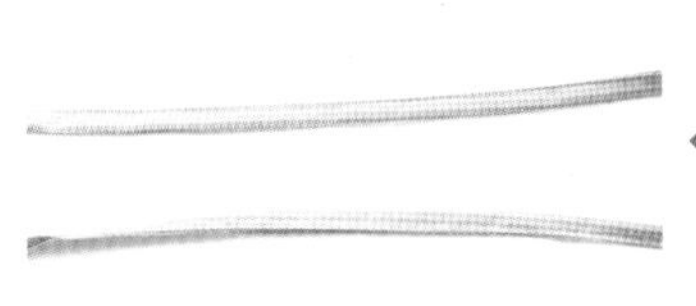

7. 如图，制作出两条绑布带。

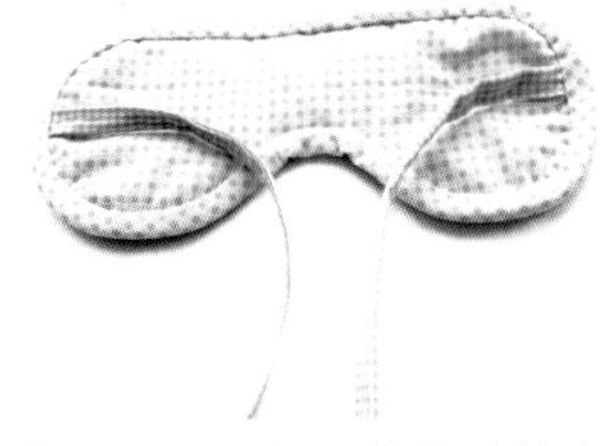

8. 如图，在用藏针法缝合滚边的时候将里布缝入，同时将绑带夹入滚边内。

10. 用同样的方法制作出另外 1 副眼罩，作品完成。

碎花爱心抱枕

材 料

花布，花边，绣线。

制 作 步 骤

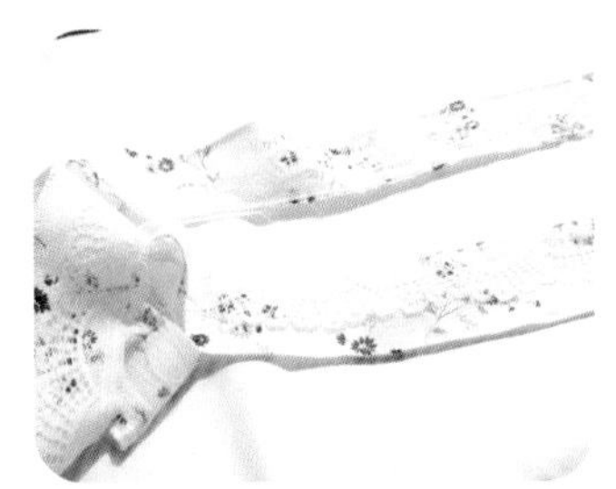

1. 如图，先裁出 1 块 8 厘米 ×200 厘米的花布，再将 1 条蕾丝花边缝在花布上。

2. 缝出荷叶边。

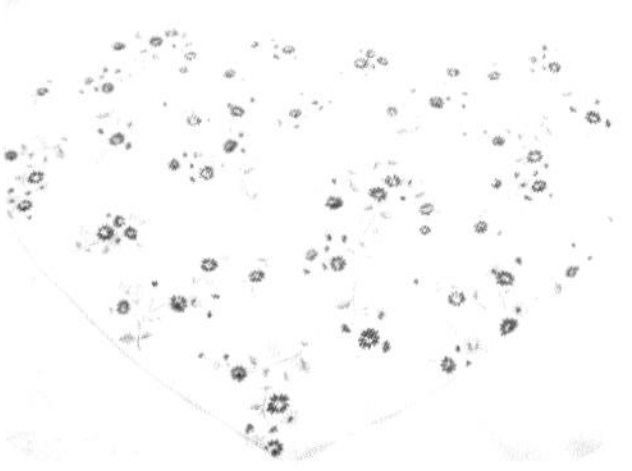

3. 用另外 1 块花布剪出 1 片心形布片。

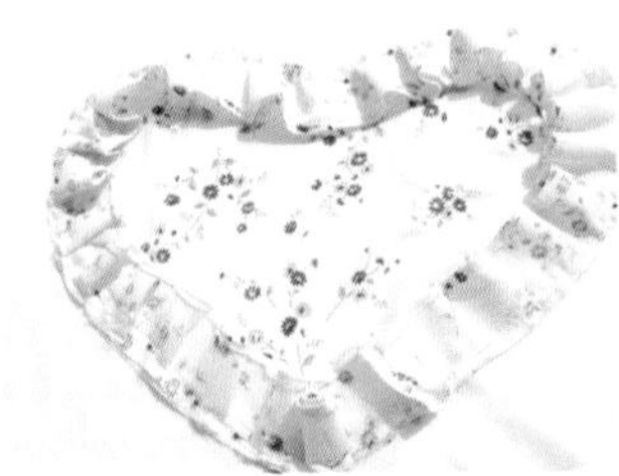

4. 将缝好的荷叶边固定在心形布片上，使它围成 1 个整圈。

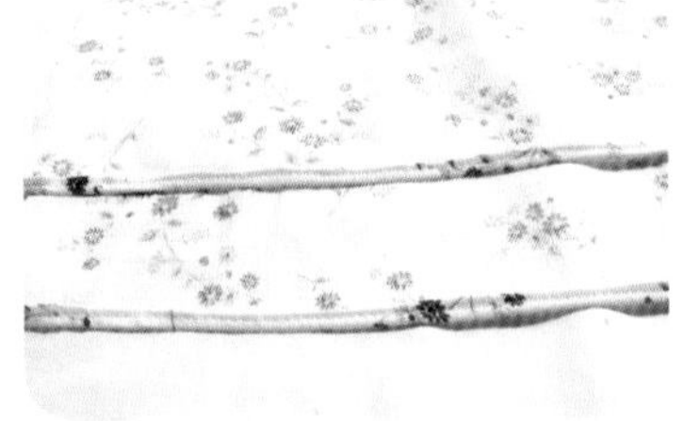

5. 裁出两块 25 厘米 ×40 厘米的布片，将其中 1 块的毛边卷边缝。

6. 先将两块布片重合，再将两侧缝成一个方框形，中间是开口，如图所示。

7. 缝好的方框如图所示。

8. 将步骤 4 和步骤 7 正面相对缝合 1 圈。

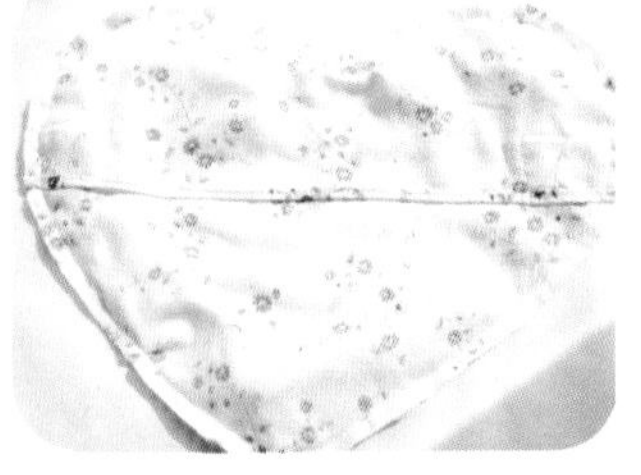

9. 剪去多余的布，使前后片的大小一致，接着将毛边锁边，然后翻到正面。

10. 最后塞入枕芯即完成制作。

枕芯的做法：按照表布心形的大小裁剪出两块布片，然后正面相对缝合 1 圈后预留返口，翻到正面塞入棉花，然后将返口缝合，作品完成。

温暖桃形抱枕

材 料

粉红色、浅粉色、天蓝色绒布，PP 棉，花边，绣线。

制 作 步 骤

1. 剪出两块心形布块，将两布块的中间缝合，作为抱枕的前片。

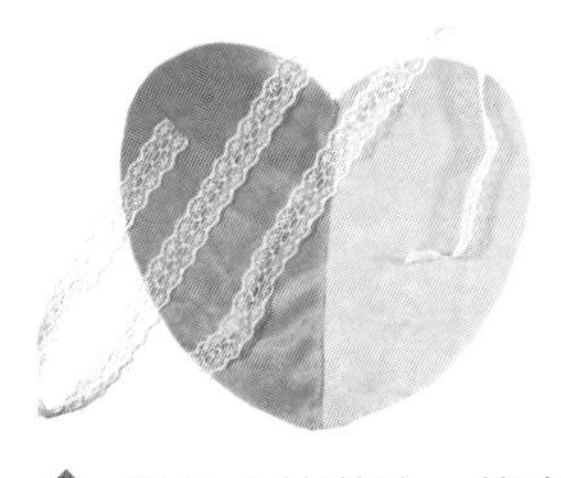

2. 准备 1 块花边，将它固定在布片上。

3. 剪出 1 块和前片大小相同的布片做后片。

4. 如图正面相对缝合，留 2. 5 厘米的返口。

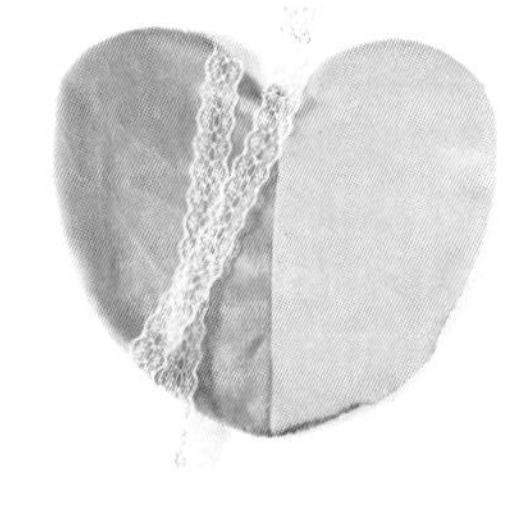

5. 翻转过来的样子。

6. 填充足够的 PP 棉，并用藏针法缝合返口。

7. 将花边系成蝴蝶结形状。

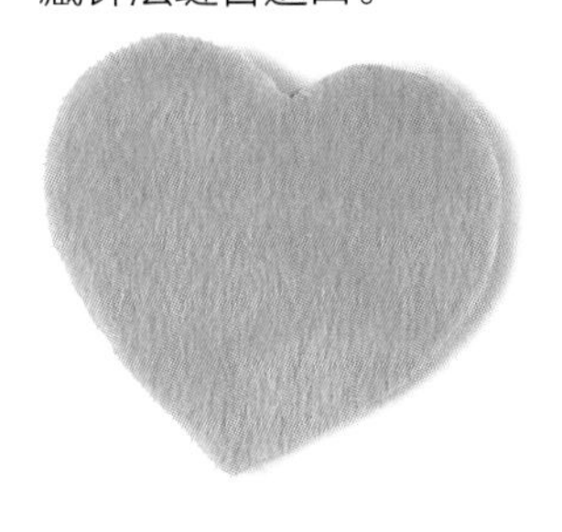

8. 准备两小片粉红色心形布片。

9. 正面相对缝合，留返口。

10. 翻转后填充好 PP 棉，缝合返口。用同样方法再做 1 个天蓝色桃心。

11. 把做好的两颗心缝制在大的心形上，作品完成。

小猫窗帘扣

材 料

粉红色方格布，橘色不织布，花边，绣线，PP 棉，魔术贴 1 个，橘色扣子 2 颗。

制 作 步 骤

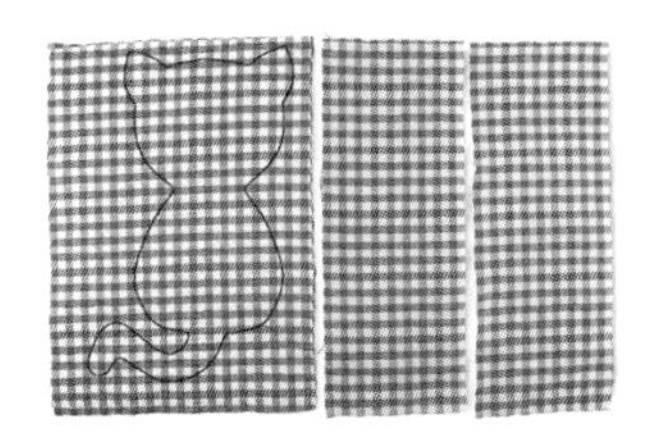

1. 在粉红色方格布上画出小猫的形状，然后如图剪出两块相同尺寸的长方形布条。

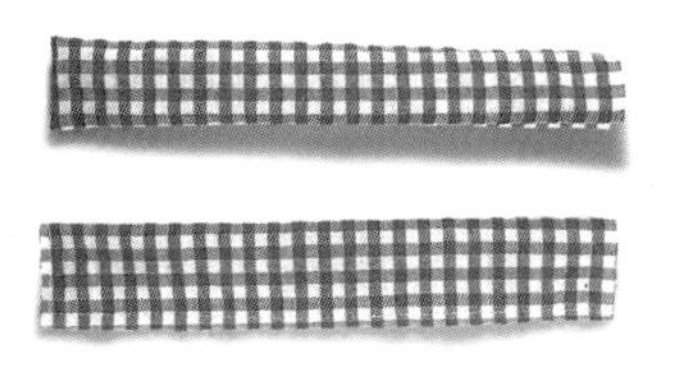

2. 把两块布条分别对折缝合并翻转过来。

3. 翻转过来后压上明线。

4. 剪两块魔术贴，分别缝在两片长条的一端。

5. 把布条放进小猫身体的左右两侧，沿着画好的辅助线缝合 1 圈（标线处为左右缝制的魔术贴布条）。

6. 如图将周围多余的布剪掉，留 5 毫米的边距并打上牙口。然后，在背部剪 1 个 2 厘米的小口，并翻转过来。

7. 翻转过来的样子。

8. 在小猫身体内填充好 PP 棉，整理好形状。

9. 取 1 块不织布，剪出 1 个心形，缝在身体上。

10. 缝制好的样子。

11. 如图用 1 块白色花边环绕脖子缝制 1 圈。

12. 找 2 颗扣子当作小猫的眼睛缝在脸上，作品完成。

蓝色居家拖鞋

材 料

花布，衬布，铺棉，绣线。

制 作 步 骤

1. 依照鞋底的大小，复制 1 份纸样，然后依照纸样的大小剪出表布、铺棉、衬布和里布。

2. 按照表布、铺棉、衬布和里布的顺序将这 4 层材料整齐地叠好。

3. 如图进行压线。

6. 沿着四周用线缝制 1 圈。

5. 按照表布、铺棉、衬布和里布的顺序将这些材料整齐地叠好。

4. 剪出表布、铺棉、衬布和里布 4 片鞋片。

9. 沿鞋底滚边 1 圈，滚好边之后的样子，如图所示。

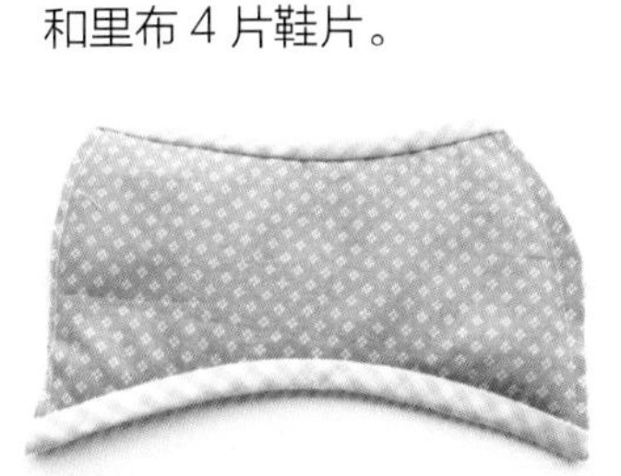

7. 将鞋面上下的两条弧线进行滚边。

8. 将鞋面和鞋底用珠针固定好。

10. 用比较结实的尼龙线将鞋底鞋面紧密缝好。注意：正面线尽量缝在滚边旁，这样就会隐藏得比较好，另外，背面的线可缝在鞋底的槽内。

11. 作品完成。

老公老婆拖鞋

材 料

格子布，麻布，铺棉，硬衬，绣线。

制 作 步 骤

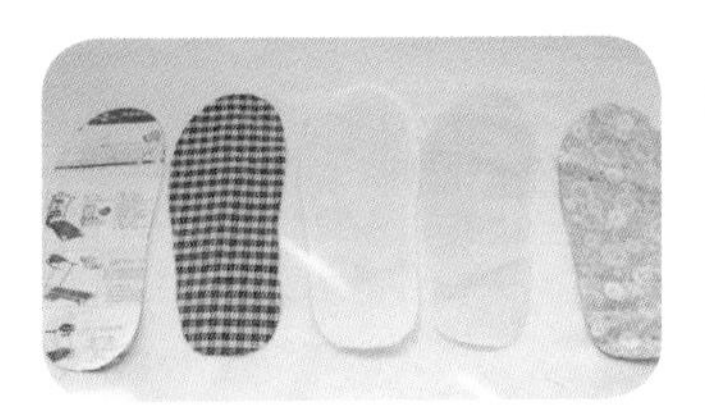

1. 如图所示，按照拖鞋底的纸型剪出表布、铺棉、硬衬和底布。

2. 依次按照表布、铺棉、硬衬和底布的顺序重叠起来。

3. 沿着拖鞋的形状将步骤 2 重叠的四层进行压线。

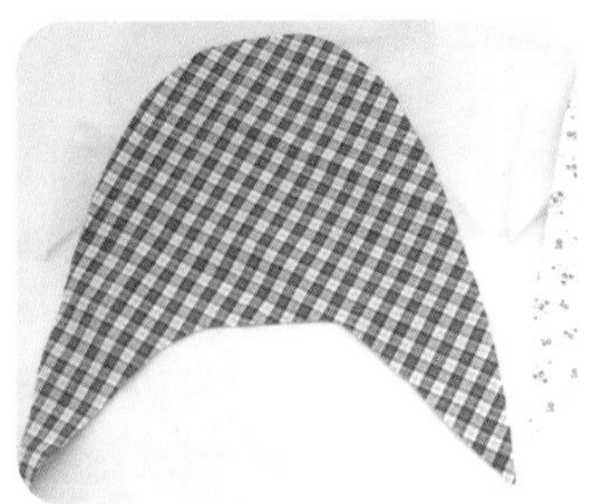

4. 如图，依照拖鞋的鞋面形状依次裁好表布、铺棉、硬衬和底布。

5. 按照顺序将重叠好的鞋面沿边缝制 1 道线，使四层固定起来。

6. 如图，将下端的毛边用同样的布料滚边。

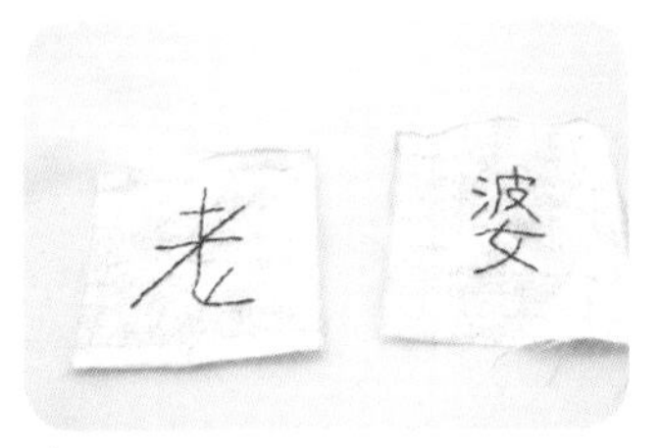

7. 用红色绣线在麻布上绣出“老婆”的字样。

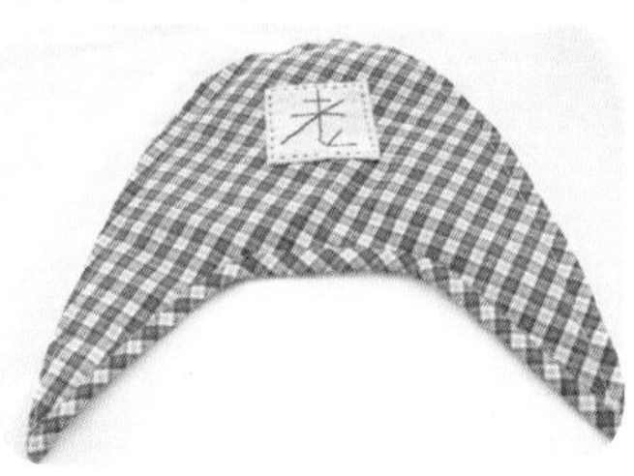

8. 将麻布贴缝在鞋面上，并用红色线压 1 圈装饰线。

9. 将鞋面和鞋底用珠针固定起来并缝好。

10. 将鞋子的四周进行滚边，一只拖鞋即制作完成。

11. 用相同的方法做好另一只拖鞋。注意：画纸形时需注意左右脚的区别。

12. 男式的拖鞋可选择蓝色格子布，同时绣上“老公”字样，一对夫妻拖鞋就制作完成了。

淡雅菊花风扇罩

材 料

各色格子布，白色素布，棉绳，绣线。

制 作 步 骤

1. 如图，裁剪出四色的格子布各两片，长度根据电风扇的大小确定，然后将两端剪成弧形以备接下来拼接成圆形。

2. 将布片拼缝成圆形，如图所示。

3. 裁出 1 片圆形布，大小与步骤 2 中间的镂空圆形一样，并用水消笔画出雏菊的图案。

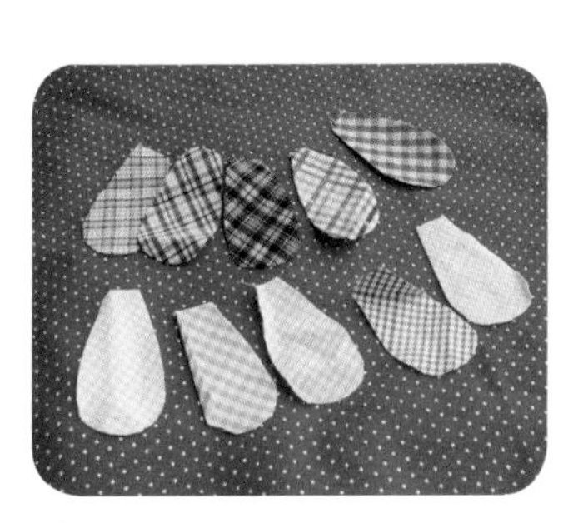

4. 如图，用各色格子布裁出 10 片雏菊的花瓣布片。

5. 如图缝出花瓣的形状，内衬花瓣形纸板并用熨斗熨平缝份。

6. 将熨烫好的花瓣用珠针固定在适当位置，然后用藏针法进行贴布缝。

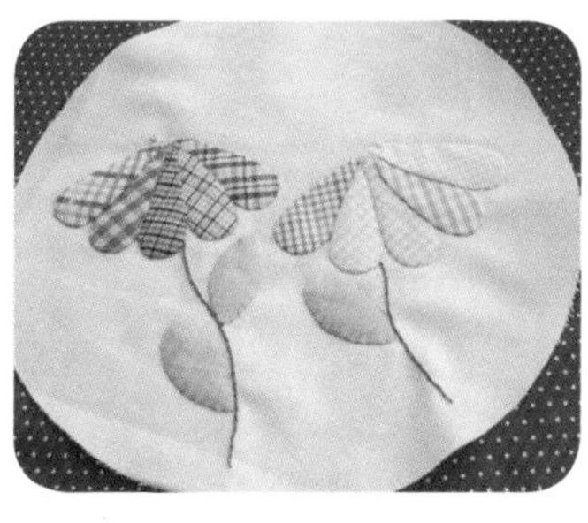

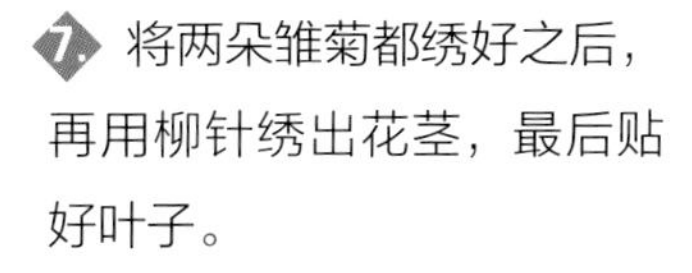

7. 将两朵雏菊都绣好之后，再用柳针绣出花茎，最后贴好叶子。

8. 在花心的位置缝好木扣，然后用平针法缝制 1 圈，使用内衬的圆形纸板将缝份抽紧。

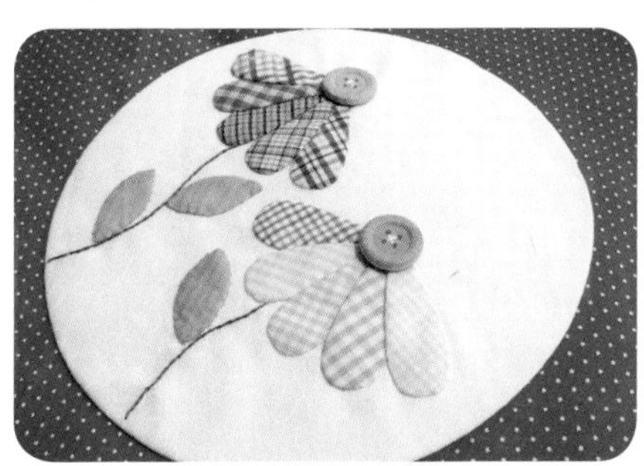

9. 正面缝好的效果。

10. 用珠针将步骤 9 固定在制作好的步骤 2 上。

11. 用藏针法将中间的圆片贴布缝在圆心。电风扇罩正面完成后的效果如图所示。

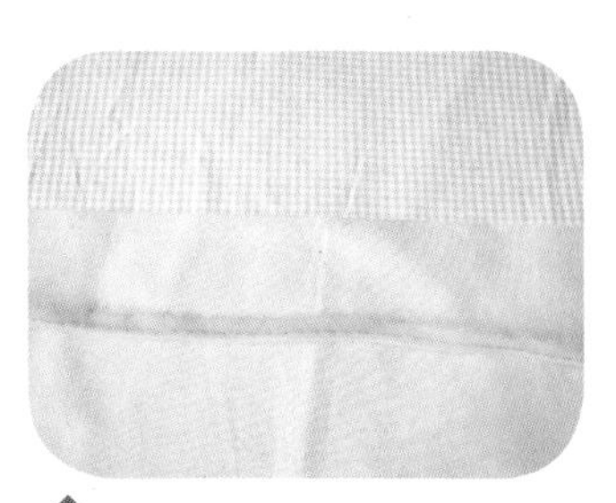

12. 准备 1 条布带，裁出 1 条长方形布块，长度和步骤 2 的周长相同，宽度则根据自家电风扇背后的尺寸大小来确定。

13. 将布带和蓝色格子布正面相对缝合在步骤 11 上。

14. 翻到正面后的效果。此时，在圆形的侧面可以看到有 1 根蓝色的布筋。

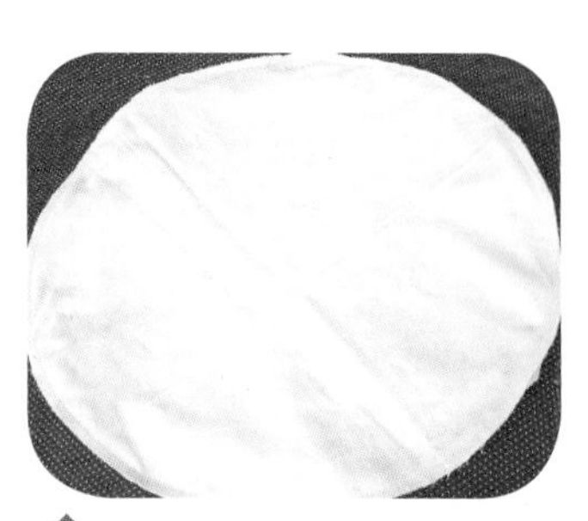

15. 在步骤 2 的背面盖上 1 块白布，并将 1 圈缝份锁边。

16. 将电风扇罩背面蓝色格子布的边折两层后缝好，这时就留下了一个穿绳的通道。

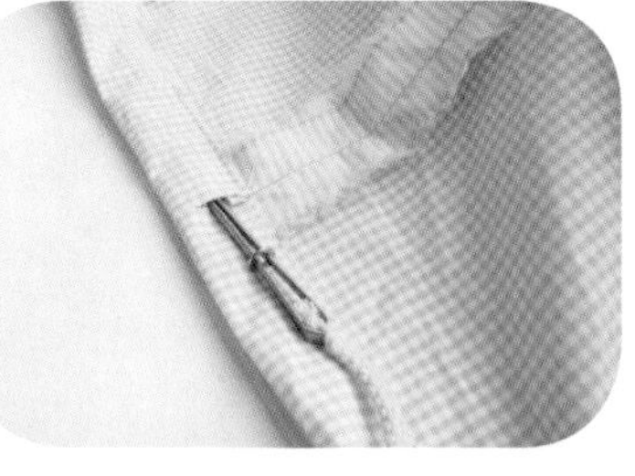

17. 准备好 1 条棉绳，在通道里用穿绳器将绳子穿入。

18. 将罩子套在电风扇上，然后将绳子抽紧打结，就将电风扇罩住了。如图所示。

19. 作品完成。

浪漫紫花纸巾盒

材料

紫色花布，紫色格子布，绣线，PP 棉，扣子 2 颗。

制作步骤

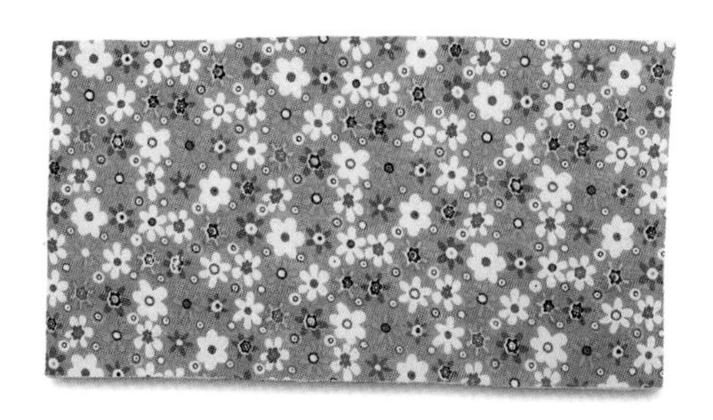

1. 剪出 1 片 24 厘米 ×12 厘米的长方形布条，作为纸巾盒套的底部布块。注意：布片的尺寸可根据纸巾盒的大小灵活变化。

2. 剪出两片 24 厘米 ×8 厘米的长方形布条，作为纸巾盒套的长侧面布块。

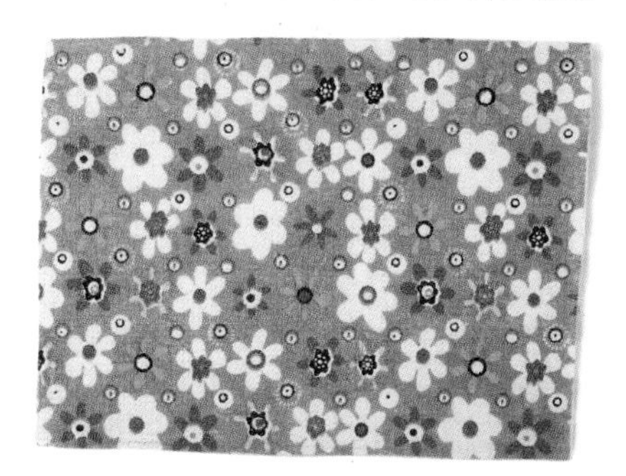

3. 剪出两片 12 厘米 ×8 厘米的长方形布条，用作纸巾盒套的短侧面布块。

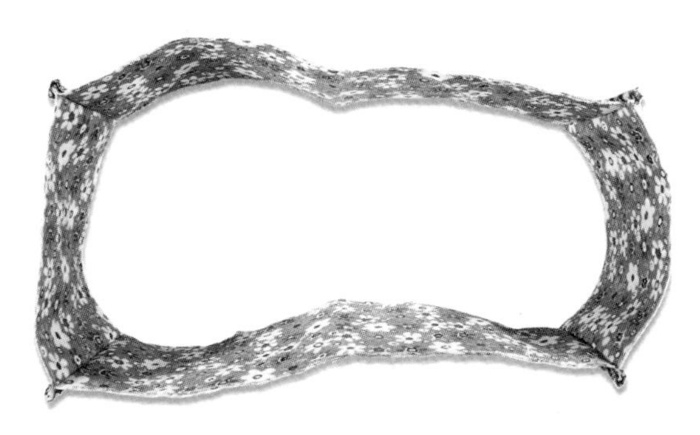

4. 将步骤 2 与步骤 3 的布条如图缝合在一起。

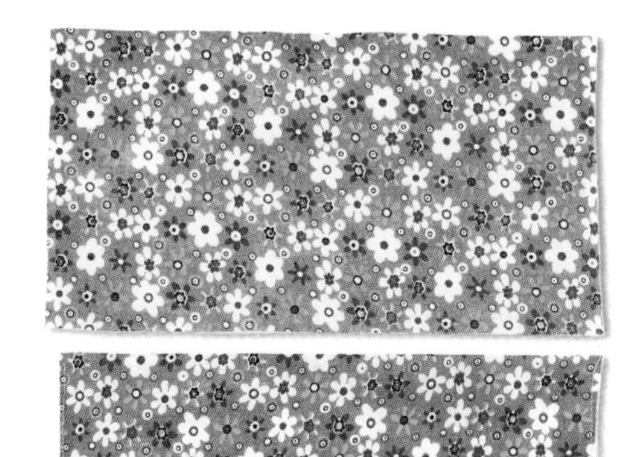

5. 将两片 24 厘米 ×12 厘米的布片如图对折，并把一侧缝合。

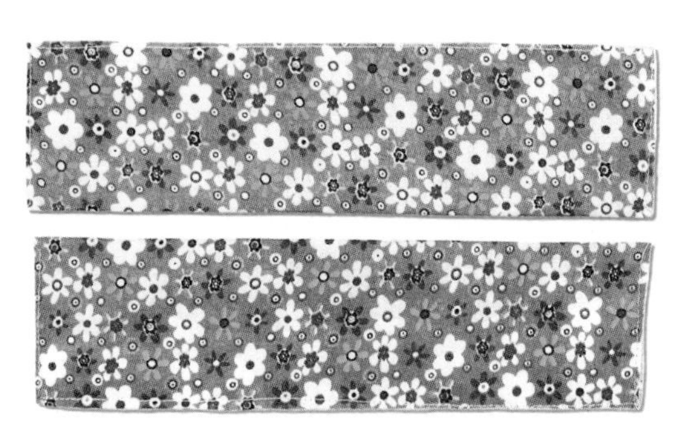

6. 两片缝合好的布片。

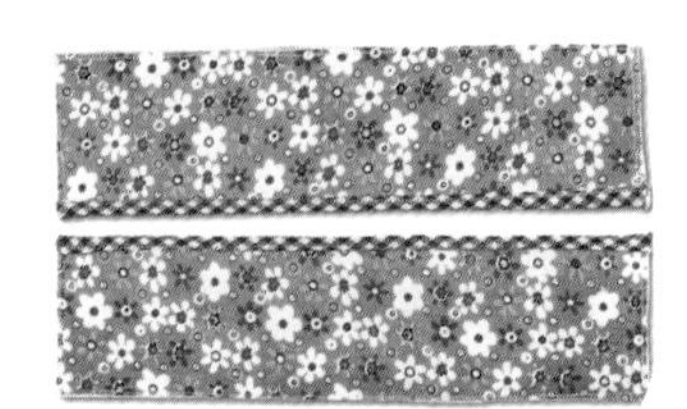

7. 如图将每片的一侧包边。

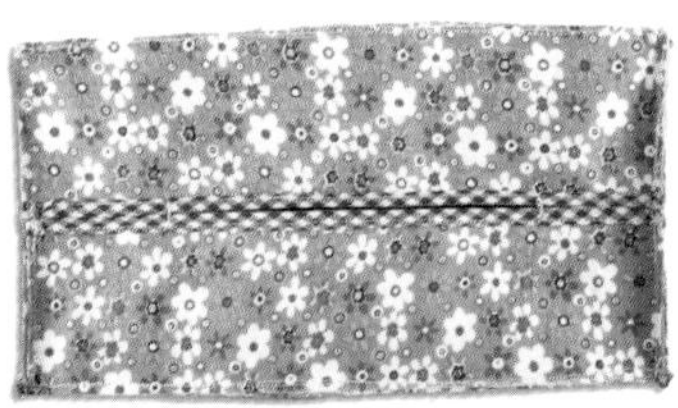

8. 包好边后两侧缝制在一起，然后与步骤4缝在一起。

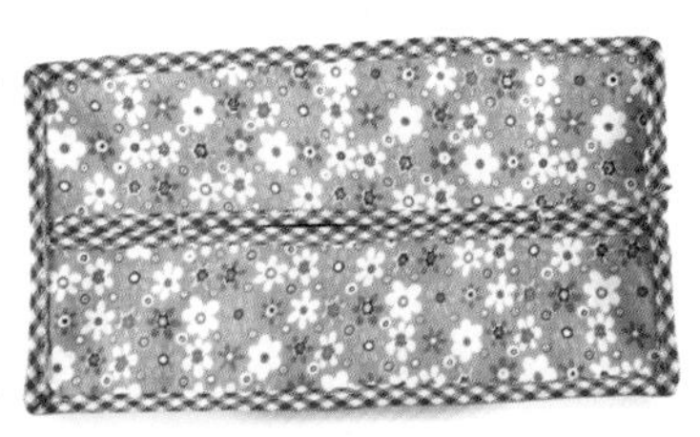

9. 如图缝制完后用布片把四周包边。

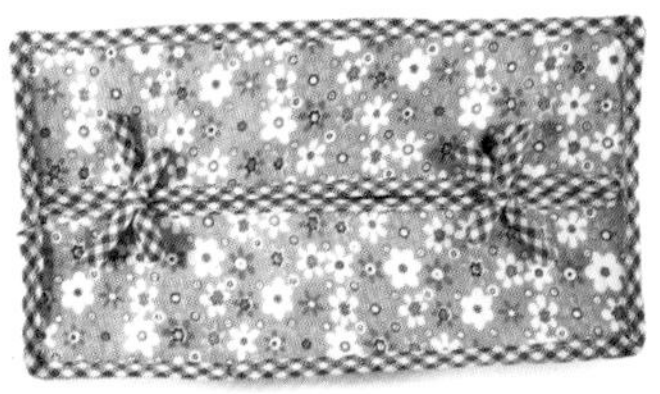

10. 如图做两个蝴蝶结，并缝制在相应位置上。

11. 开始做装饰物。首先剪出两片如图的形状。

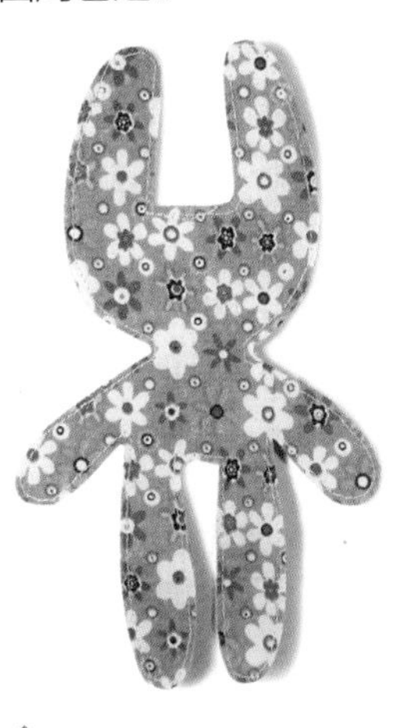

12. 将两片相对缝合1圈，后背剪1个1.5厘米的小口做充棉口。

13. 填充好PP棉。

14. 取2颗扣子作为玩偶的眼睛。

15. 把缝制好的装饰玩偶和纸巾盒套缝合在一起，作品完成。

两用笔筒遥控器座

材 料

米色、粉色、白色绒布，橘黄色、黑色、绿色不织布，绣线，PP 棉，纸筒 1 个。

制 作 步 骤

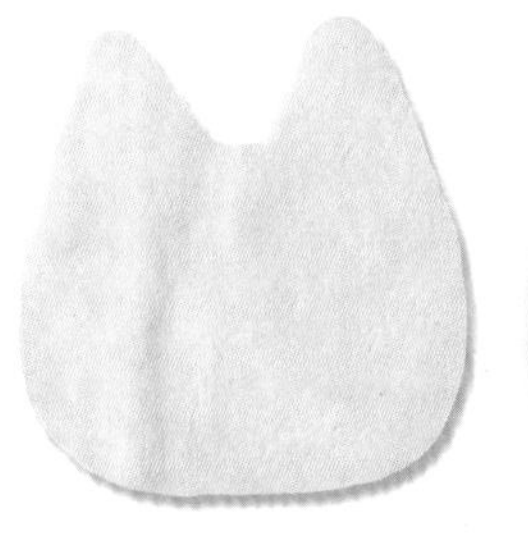
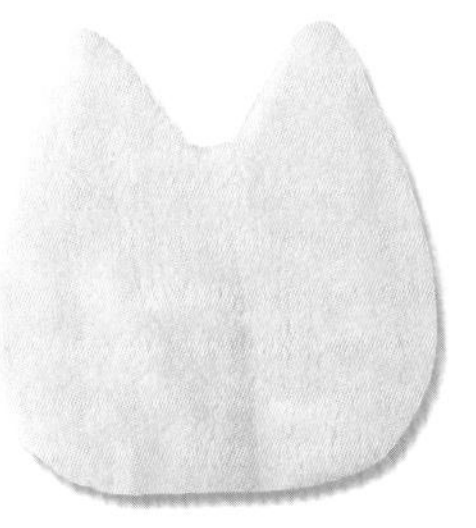

1. 用白色绒布剪出玩偶头部的两块布片。

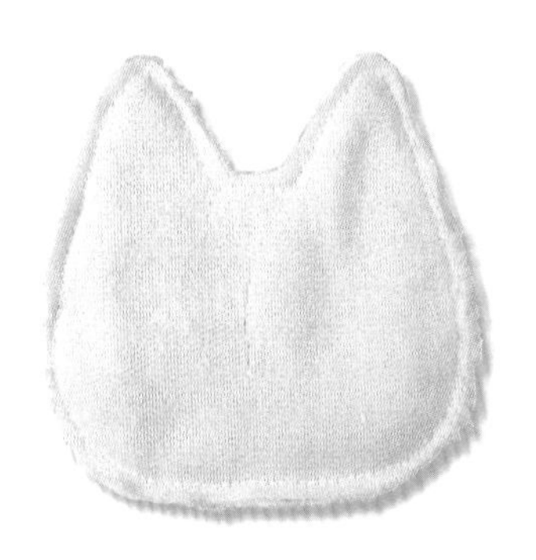

2. 将两块布片正面相对缝合，并剪 1 个 2.5 厘米的返口。

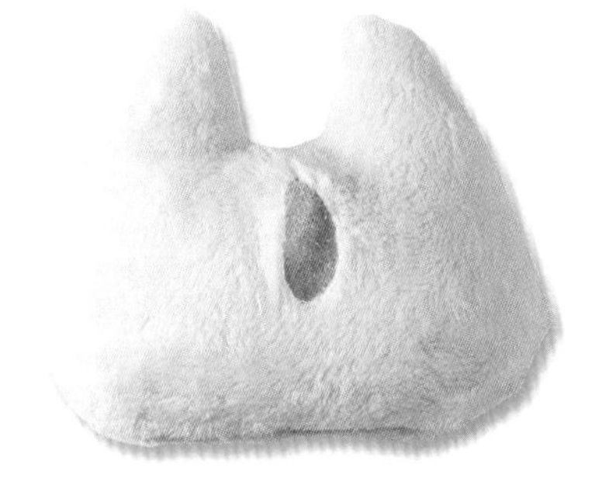

3. 翻转过来，填充足够的 PP 棉。

4. 用黑色线绣制出表情，并在脸颊上涂上腮红。

5. 如图用两色不织布剪 1 朵小花并用胶枪粘贴在头部上。

6. 准备 1 个筒杯形的纸壳。

7. 剪出 1 块长方形布条（长度比圆形纸筒底部的周长略长，宽度比圆形纸筒的高度略长）和 1 块圆形底布。

8. 如图，将长方形布条对折后再把左侧面缝合。

9. 将圆形底布和缝合后的布条缝合在一起。

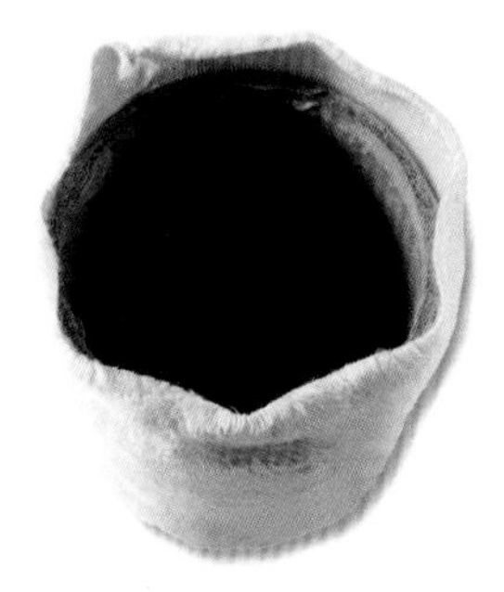

10. 如图，将纸壳筒杯装进小布袋中。

11. 将多出的毛边向筒内折进去。

12. 剪出相同尺寸的长方形里布和稍微厚一点的不织布各一块。

13. 将两块布的上下两侧如图缝合。

14. 将步骤 13 对折后，把一侧缝合。

15. 将整个里布缝制好后直接放入圆形筒中。

16. 将玩偶用胶枪粘在筒杯上，也可以用线缝上去。一个实用简单的笔筒就完成了，也可以当作遥控器座用哦！

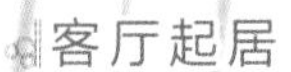

青红苹果挂袋

材料

绿色、红色花布，铺棉，花边，绣线。

制作步骤

1 裁出 5 片绿色花布片，并将它们拼缝在一起。

2 如图，铺棉后疏缝。

3 完成压线后，剪去多余的铺棉。

4 裁出 1 块大小相同的底布，与铺好棉的上端相缝合。

5 如图，将底布翻转过来，缝上 1 条花边。

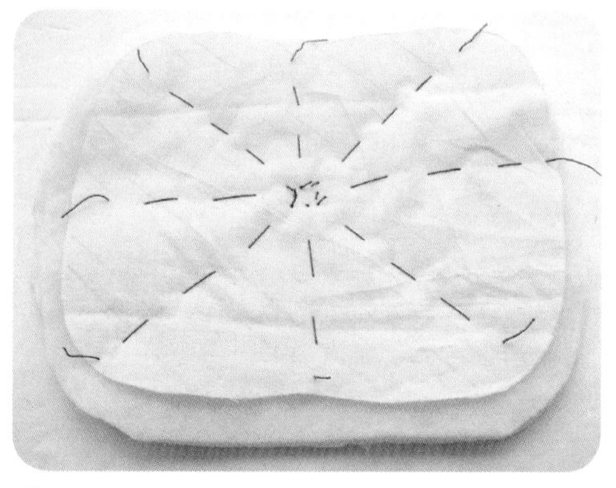

6 剪出 1 块苹果形状的布片，然后垫上铺棉和底布，再疏缝在一起，画上压缝线。

7. 压线，压完后剪去多余的铺棉和底布。

8. 将铺好棉缝好花边的布片和苹果形布重叠，用珠针固定，将多余的部分与苹果形布修剪整齐。

9. 如图，将缝好的布片滚边 1 圈。

10. 剪出 3 块深咖啡色的布做苹果的梗。先铺上铺棉后缝合 1 圈，下端留返口，剪去缝份和多余的棉。

11. 翻到正面，缝合返口。

12. 将苹果梗缝在苹果挂袋的主体上，如图所示。

13. 最后缝上苹果叶子，叶子的做法和梗相同。

14. 依照同样的方法制作出另一个“苹果”，然后在背面缝上扣子，并用麻绳将它们相连。

15. 作品完成。

可爱娃娃挂袋

材 料

各式格子布，牛仔布，白布，红色圆点布，咖啡色毛线，胭脂粉，绣线，PP 棉，粉色绳 1 根，长杆 1 根。

制 作 步 骤

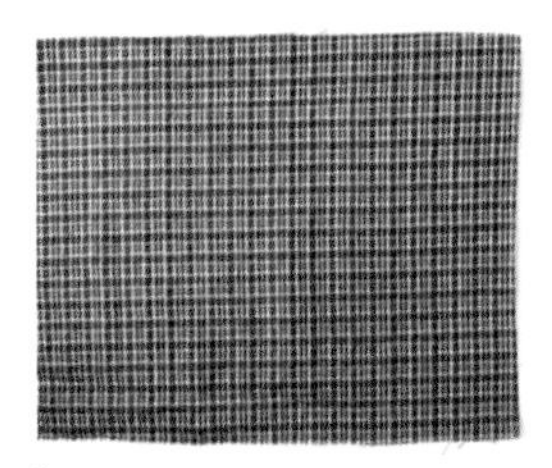

1. 剪 1 块 25 厘米 ×40 厘米的长方形表布（布的大小也可根据自己的喜好灵活变化）。

2. 剪出两块 25 厘米 ×12 厘米的牛仔布片做布袋。

3. 将其中 1 块牛仔布的一侧毛边向内折进 1 厘米。

4. 将折起的部分缝明线，另外一块牛仔布片也用同样的方法缝制。

5. 如图将布袋的一侧缝制在表布的适当位置上。

6. 如图翻转。

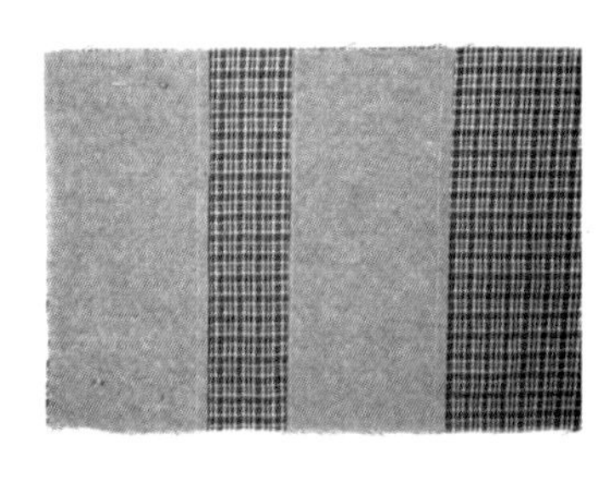

7. 将另一块牛仔布与表布左侧对齐，用珠针固定。

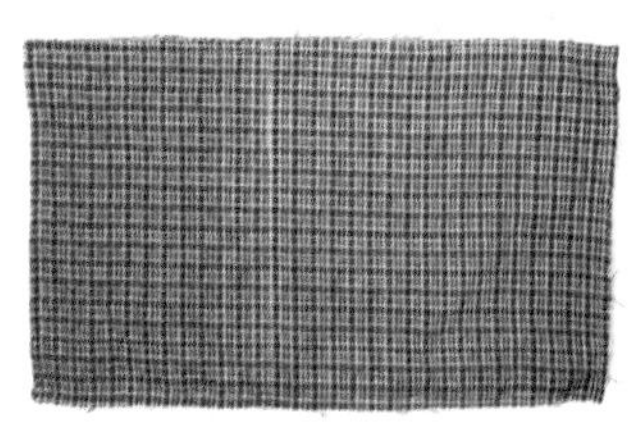

8. 剪 1 块和表布尺寸相同的长方形布片，将两块表布正面相对缝合，留 2. 5 厘米的返口。

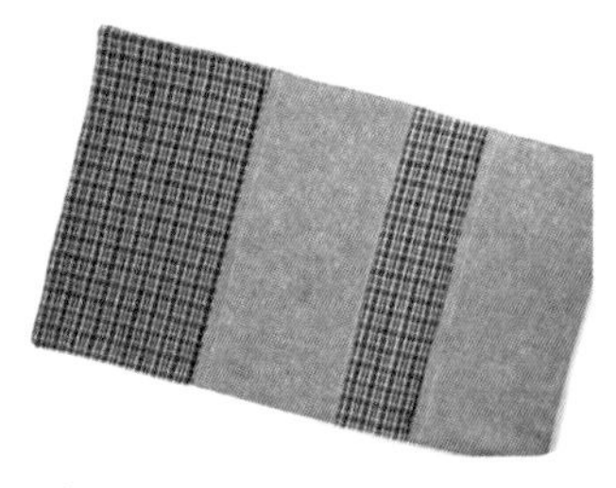

9. 翻转过来并将返口缝合。

10. 将挂袋的上面部位向后折 1. 5 厘米并压线，然后准备 1 根长杆。

11. 在挂袋的左右两侧缝2毫米的明线。

12. 将长杆穿入，并在两侧系上挂绳。

13. 剪4块心形的布片，正面相对缝制并留返口。

14. 翻转后填充足够的PP棉。

15. 将两颗心缝制在挂袋顶部两侧。

16. 现在做挂袋的装饰物。剪两块圆形布片，将它们正面相对缝合并留返口。

17. 翻转过来后填充足够的PP棉，用藏针法缝合返口。

18. 将毛线成圈缠绕后从两侧剪开，然后在中间系紧，缝制在娃娃头上，做娃娃的头发。

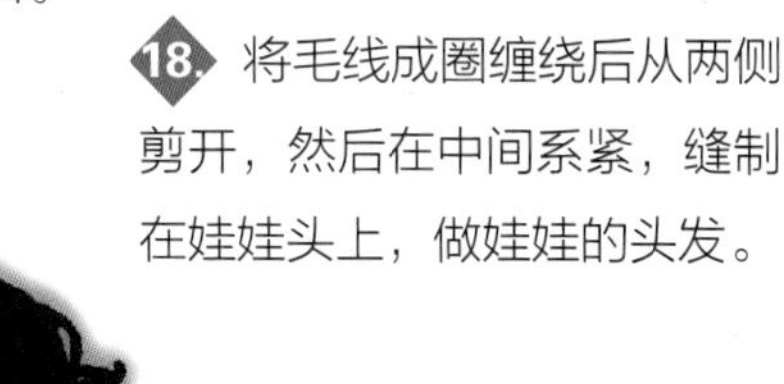

19. 做1个蝴蝶结缝制娃娃头顶。

20. 用针绣出表情并涂上腮红。

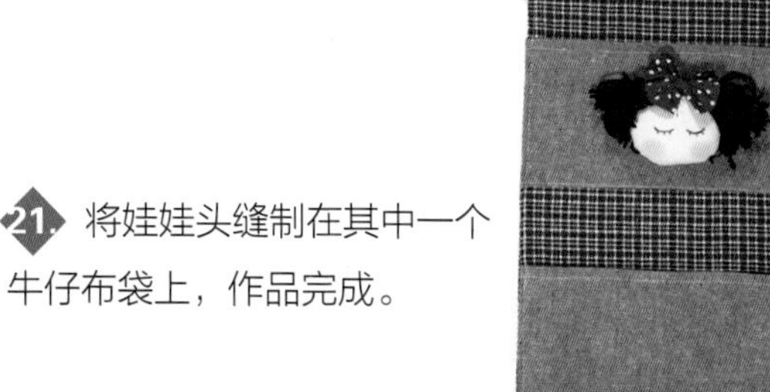

21. 将娃娃头缝制在其中一个牛仔布袋上，作品完成。

温情绵羊枕

材料

白色、咖啡色绒布，绣线，PP 棉。

制作步骤

1 如图剪出 4 块羊角形状的咖啡色布片。

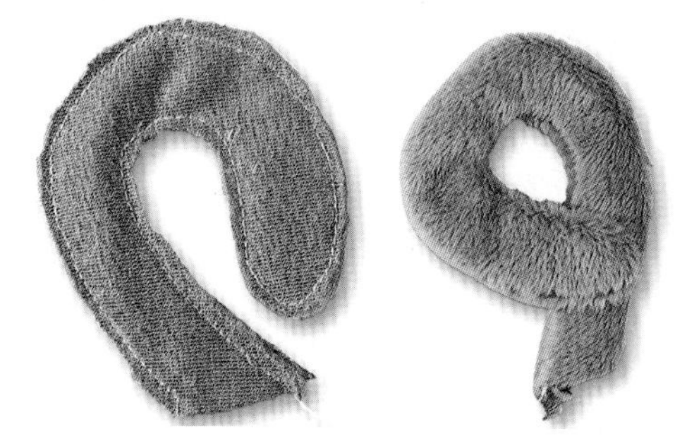

2 将每两块相对缝合并翻转过来。

3 如图剪出两块绵羊身体形状的布片。

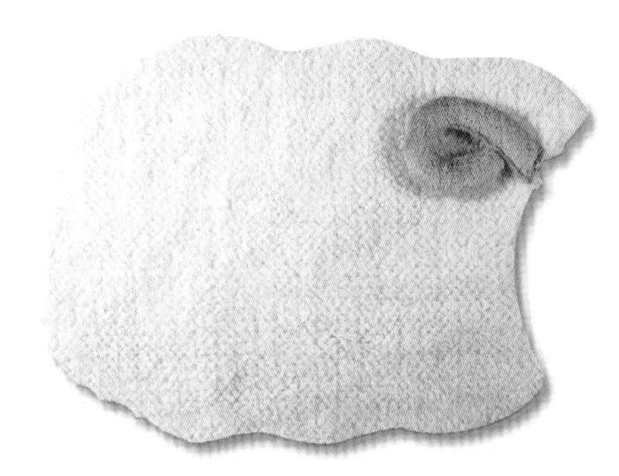

4 在羊角内填充少许 P P 棉后，如图缝制在绵羊身体上。

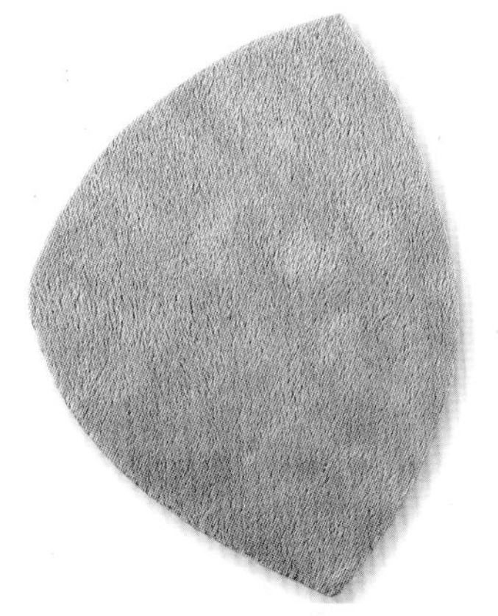

5 剪 1 块咖啡色绒布片作为绵羊的头部。

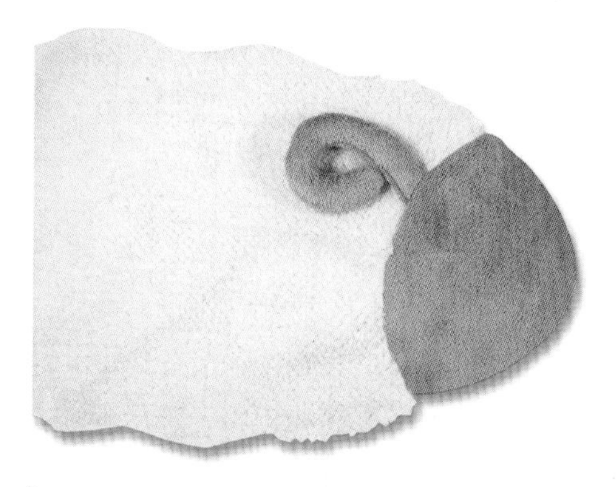

6 将头部布片与身体缝合，再用相同方法缝制出绵羊的另一半身体。

7 如图剪出 8 块布片，用来缝制绵羊的脚。

8 每两片相对缝合并翻转过来。

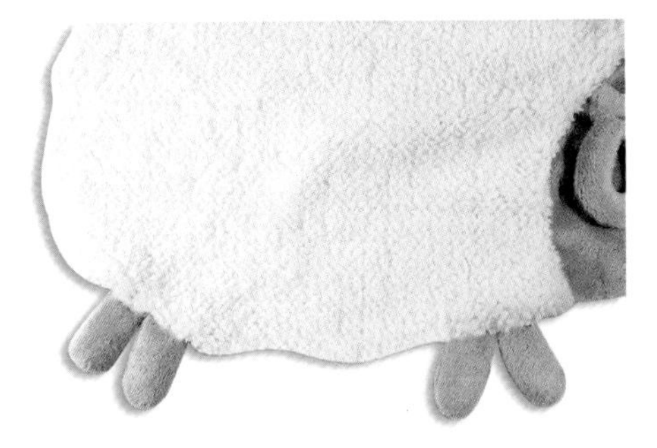

9 将 4 个羊脚缝制在绵羊一边的身体上。

10 将前两片身体相对在一起缝合，留 3 厘米的返口。

11 将绵羊翻转过来的样子。

12 在绵羊身体内填充足够的 PP 棉，用藏针法缝合填充口。

13 用黑线在头部绣出绵羊的眼睛，作品完成。

卡通圆形坐垫

材 料

玫红色绒布，浅粉色、橘黄色、黑色、鹅黄色、玫红色不织布，碎花布，绣线，PP 棉。

制 作 步 骤

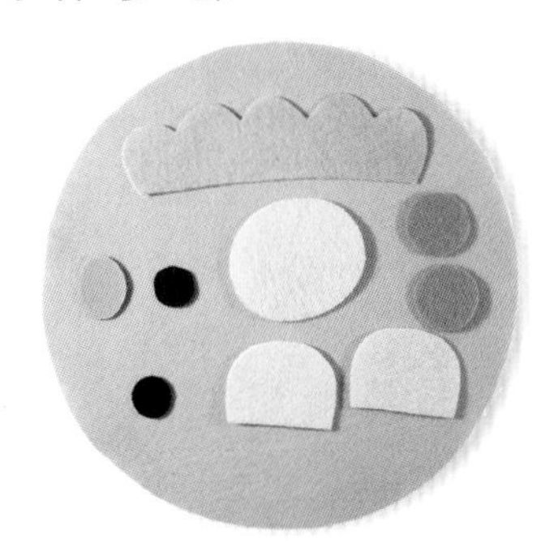

1 如图剪出各部位的形状。

2 把黄色嘴巴片缝制在合适的位置上。

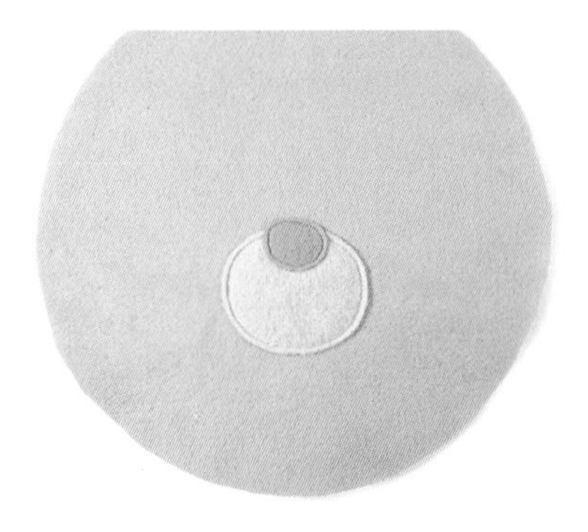

3 把鼻子缝制在嘴巴上面。

4 缝好眼睛。

5 把两块腮红布片缝制在脸片上。

6 剪 1 块圆形布片做坐垫的正面。

7 把脸片缝制在剪好的圆形布片上，在缝制过程中把耳朵和头发也一起缝上。

8 再剪出 1 块大小相同的圆形布片做坐垫的背面。

9 将坐垫的正面和背面相对缝合并留 1 个返口。

10 翻转过来后正面的样子。

11 将坐垫填充足够的 PP 棉，然后将充棉口用藏针法缝合。

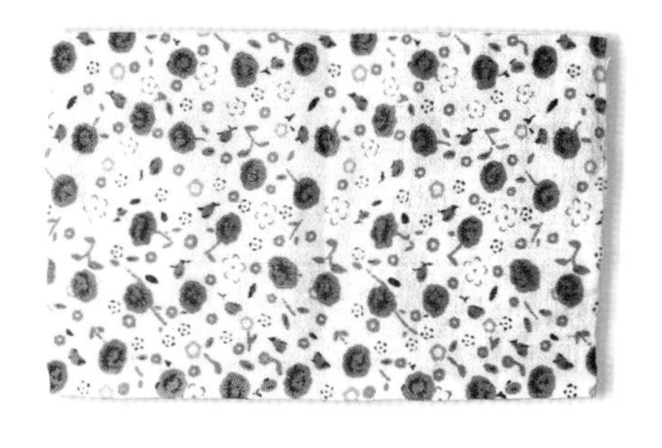

12 剪出 1 块长方形小碎花布片。

13 将它做成 1 个蝴蝶结。

14 把做好的蝴蝶结如图缝制在耳朵的旁边，作品完成。

Chapter 4 厨房餐厅

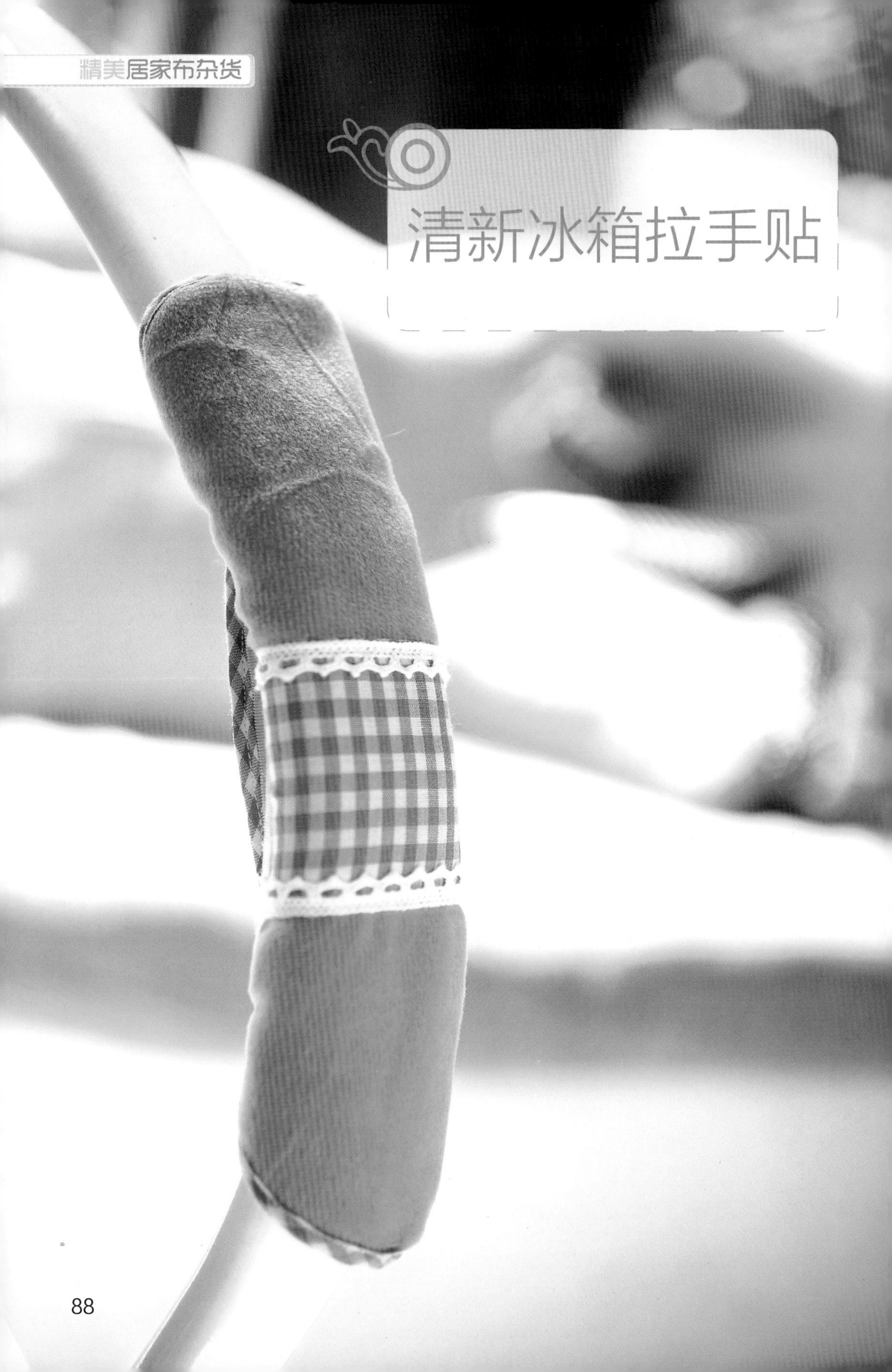

清新冰箱拉手贴

材 料

绿色绒布，绿色方格布，花边，绣线，铺棉，魔术贴 1 对。

制 作 步 骤

1. 如图剪出椭圆形的表布、铺棉、里布各 1 块。

2. 剪出 1 块长方形布片，并准备 1 条花边。

3. 将长方形布片挽边缝制在表布上，然后将花边也缝上。

4. 将表布、铺棉、里布铺平并缝合 1 圈。

5. 缝制好的样子。

6. 将周围毛边用宽 3 厘米的布条滚边。

7. 剪两片魔术贴，如图缝好，注意缝制的时候正面和反面各一片。

8. 缝制好后贴在一起。

9. 作品完成。

草青圆点袖套

材 料

绿色圆点布，绿色麻布，松紧带，绣线。

制 作 步 骤

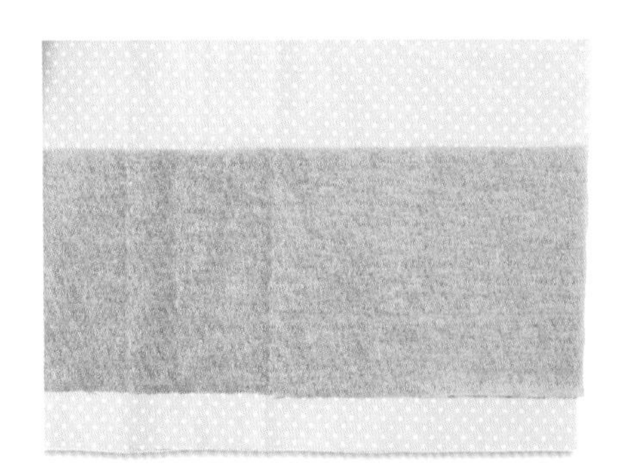

1. 如图剪出两块长方形布片。

2. 将两块长方形布片缝合。

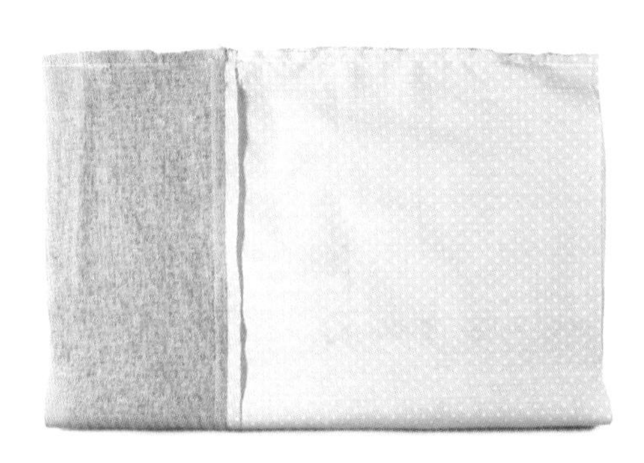

3. 如图对折，缝合。

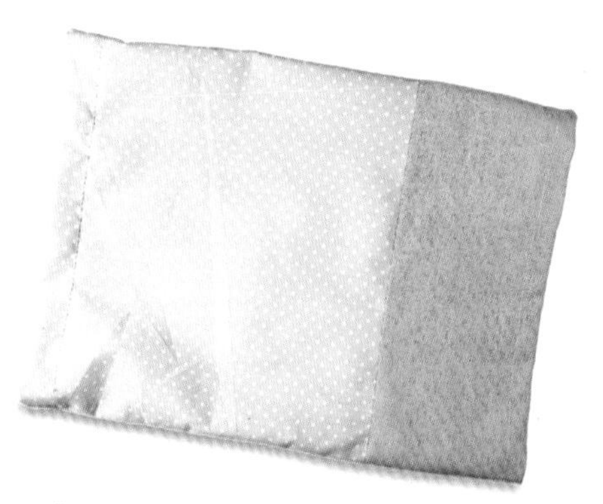

4. 将两头的毛边向内缅进，缝制宽 1 厘米的明线。

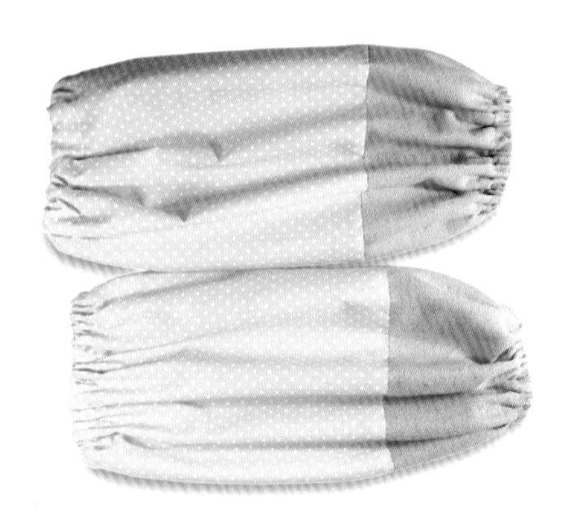

5. 将松紧带穿入袖套并系紧， 一款袖套就完成了。

6. 用同样的方法缝好另一只。

格调餐具盒套

材 料

格子花布，土棉布，铺棉，花边，绣线，空矿泉水瓶（剪掉上面的部分，仅保留下半部分）1个。

制 作 步 骤

1. 裁剪1片土棉布，然后用水消笔在上面画上要绣的图案。

2. 用红色绣线绣出刀和叉的图案和字母。

3. 将缝份内折并用藏针法缝在暗红色的格子布上，然后用红色线绣出1个虚线方框。注意：红色底布的长和宽等于所准备的矿泉水瓶的周长和高。

4. 将步骤3的布片对折，除上部开口外，其他两个边用平针缝好。

5. 如图，抓缝出三角形底部。

6. 翻到正面的样子，如图所示。

7. 裁出1块白布做里布，尺寸和暗红格子布一样大小，然后将其缝成筒状。注意：侧面要留1个返口。

8. 将内袋和外袋正面相对套在一起，将袋口用缝纫机缝制1圈。

9. 从返口处翻到正面来。

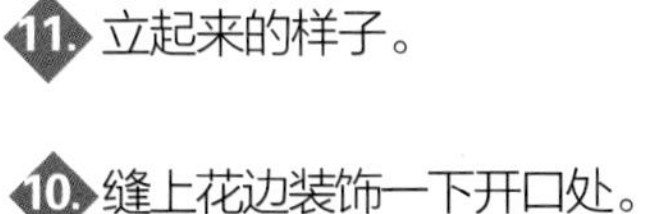

10. 缝上花边装饰一下开口处。

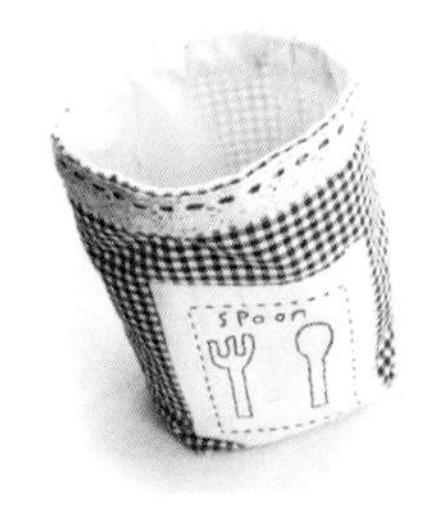

11. 立起来的样子。

12. 将准备好的矿泉水瓶放入缝好的收纳袋中，装上餐具后的效果图。

条纹微波炉套

材 料

红色、白色素花布，蓝色星星布，绣线。

制 作 步 骤

1. 裁好3条红色布片和2条白色布片。注意：具体尺寸可根据自己家里微波炉的大小来确定。

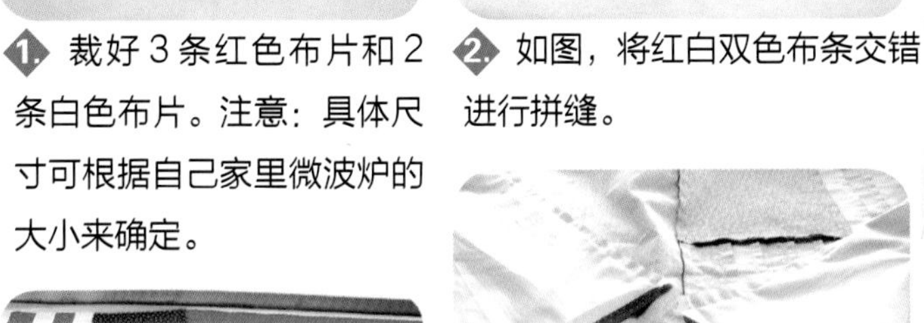

2. 如图，将红白双色布条交错进行拼缝。

3. 将1块蓝色星星布块按步骤2进行拼缝，完成美式国旗图案。此布片大小等于微波炉的正面大小。

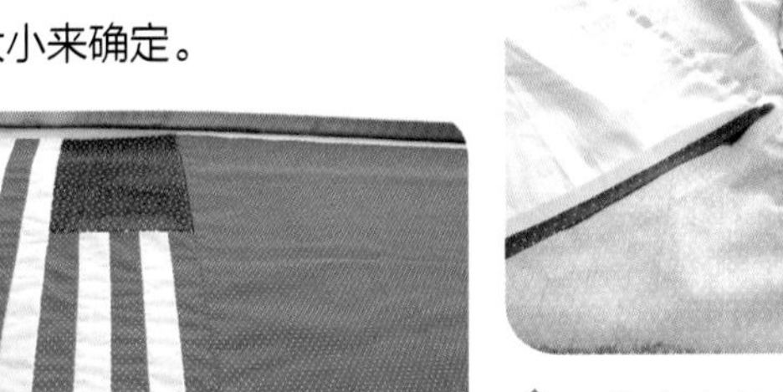

4. 剪出1块红色布片，其尺寸等于微波炉的顶部加上背面的尺寸，将它和步骤3拼接起来。

5. 裁出1片白色底布，使其和步骤4大小一致，将它们正面相对，且将两个短边缝合，长边不缝。

6. 按照微波炉侧面的大小裁剪出红色表布和白底底布，然后在底边缝制1条线，其他3边不缝。

7. 将步骤5和步骤6拼缝起来。注意：侧片布只缝红色表布，不缝白色底布。

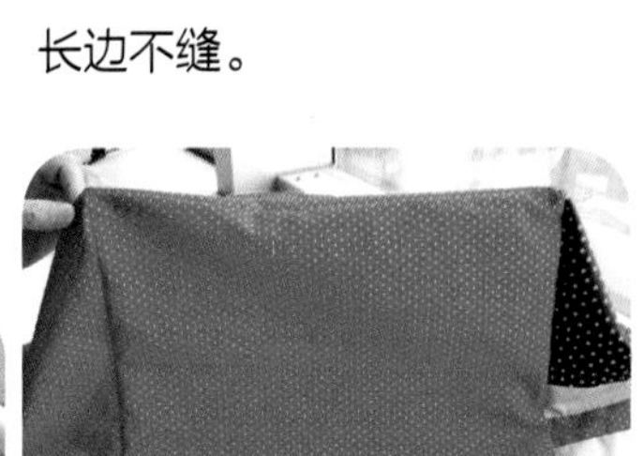

8. 翻至正面，可看到侧面拼缝好的效果。

9. 将侧面的白色底布缝合两个侧边，再翻到正面。注意：此时只剩最上面一边未缝制。

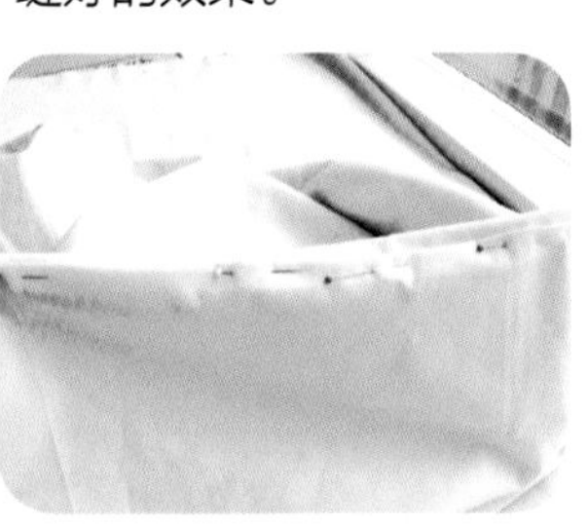

10. 用珠针将未缝合的一边的缝份折好，然后用藏针法缝合。

11. 将罩子翻到正面，并把罩子的下沿用缝纫机缝制1圈，作品完成。

猪猪杯垫

材 料

白色、黑色、咖啡色、橘色、蓝色不织布，绣线。

制 作 步 骤

1. 剪出小猪头部各部位的形状。

2. 把两只内耳缝制在小猪头上。

3. 把两个鼻孔缝制在鼻子上。

4. 把鼻子缝制在适合的位置。

5. 把眼睛缝制在脸上合适的位置。

6. 将缝制好的脸片和后脑对齐， 缝制1圈，作品完成。

可爱熊杯垫

材 料

咖啡色、黄色、白色、黑色不织布，绣线。

制 作 步 骤

1. 如图剪出每片的形状。

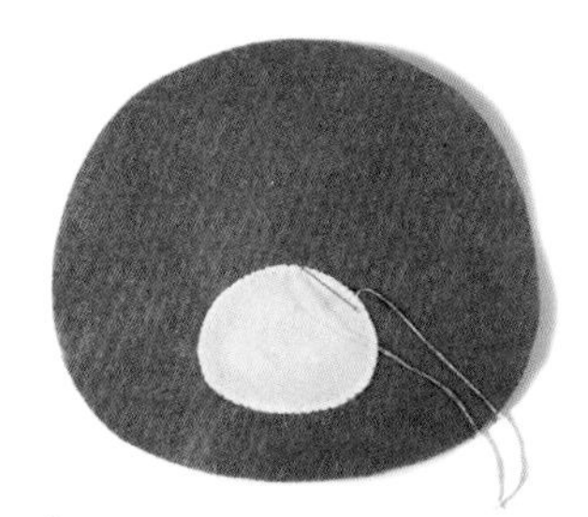

2. 将白色嘴巴缝制在脸片上。

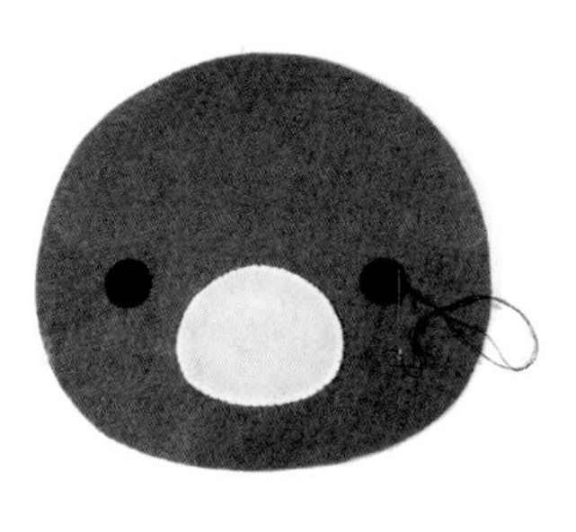

3. 将黑色眼睛缝制在脸片上。

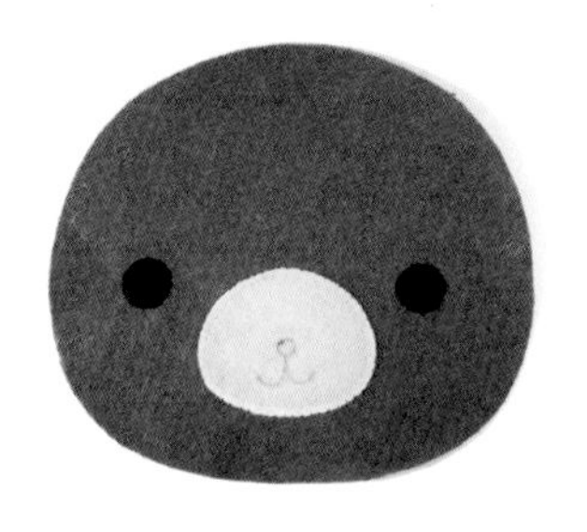

4. 如图用笔画出鼻子和嘴巴的轮廓。

5. 用黑色线按照轮廓线缝出小熊的鼻子和嘴巴。

6. 将 4 块耳朵布片，每 2 块正面相对缝合。

7. 缝制好的样子。

8. 将 1 块心状布片缝合在其中一个耳朵上。

9. 将前后脸片相对缝合，缝合的时候把耳朵也缝制在合适的位置。

10. 作品完成。

优雅小围裙

材 料

黄色小花布，绣线。

制 作 步 骤

1. 如图，先裁剪出围裙的长方形下摆布块，将下端修出圆角。

2. 缝制 1 道荷叶边，其长度和下摆的 3 边长度相等。

3. 将荷叶边缝在下摆上，如图所示。

4. 裁出 1 块白色底布，将其和步骤 3 正面相对且缝合 3 个边。

5. 从未缝合的那个边翻到正面，效果如图所示。

6. 如图，打上 5 个皱褶，下裙摆就制作好了。

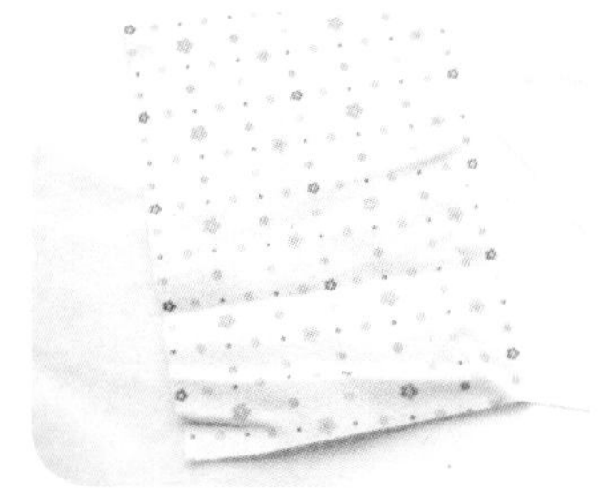

7. 如图裁剪出围裙上半部的表布和里布共两片。

8. 将表布和里布正面相对并缝合上面的 1 条边，然后翻到正面，再缝制 1 道花边，部件 D 就制作完成了。

9. 如图，裁出两个长条，准备 1 道荷叶边。

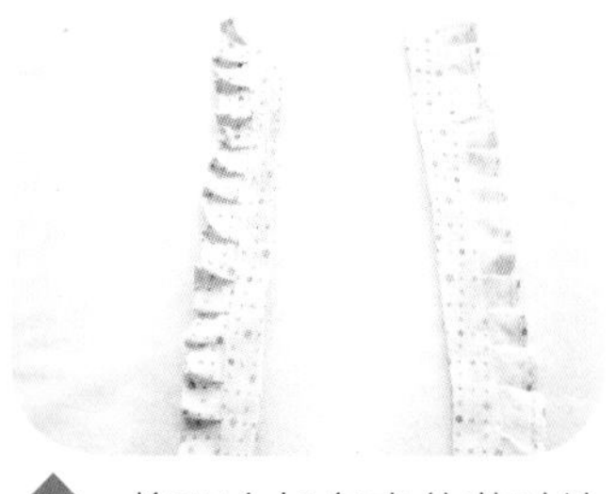

10. 将两个长条夹住荷叶边缝合在一起，此为部件 E，如图所示。

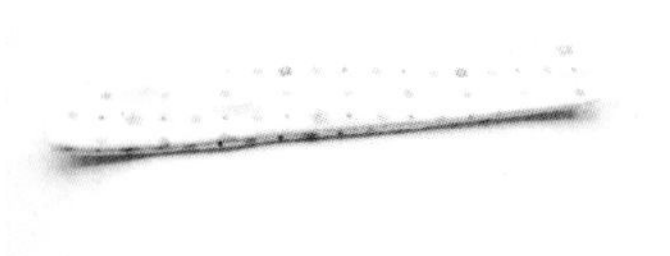

11. 裁出两个长条，长度比 D 部件略长，反面相对缝合后翻到正面，此部件为 F。

12. 将两条带子的两侧卷边，此部件为 G。

13. 如图将 D、E、F、G 部件组合在一起，围裙的上半部分就制作完成了。

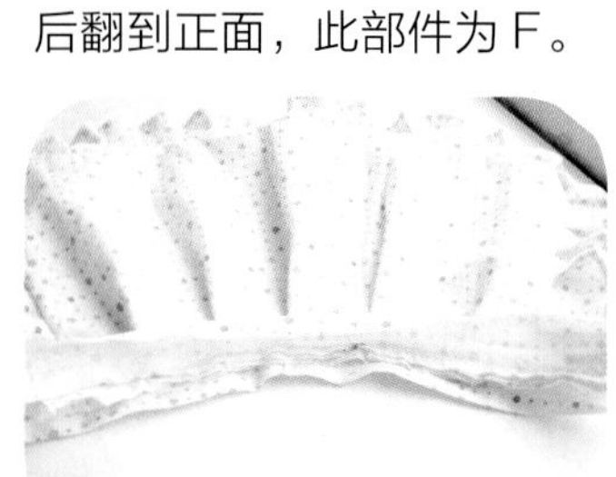

14. 裁出两个长条，将下裙摆夹在两个长条的中间，如图缝合其中一侧。

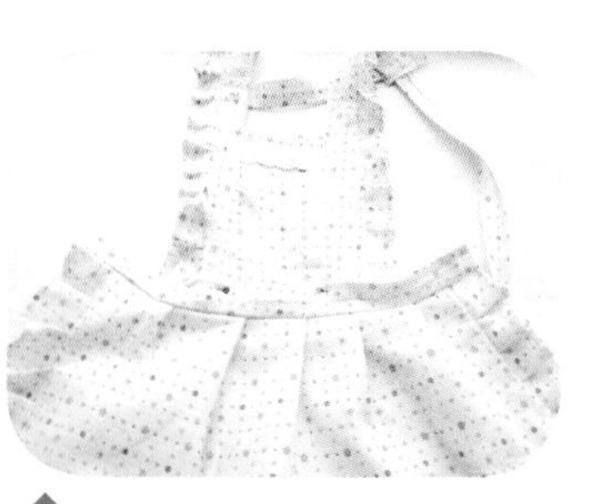

15. 将围裙的上半部也夹在两个长条之间，用珠针先固定好。

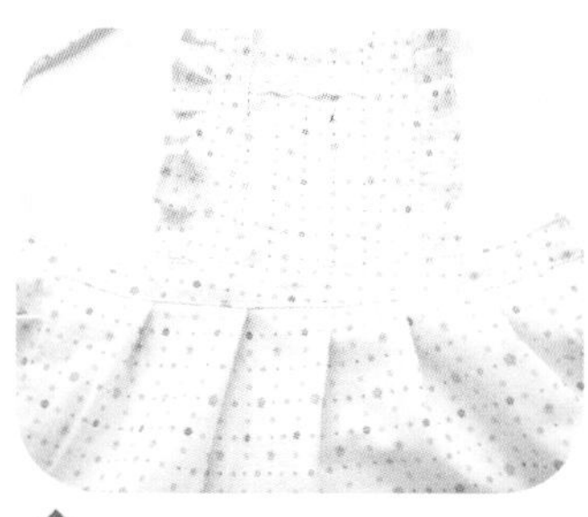

16. 将珠针固定的地方缝出 1 道明线。

17. 缝好两根长条，作为围裙背后的两根系带，缝合好，作品完成。

素雅水壶保温袋

材 料

两种不同材质的花布，铺棉，花边，棉绳。

制 作 步 骤

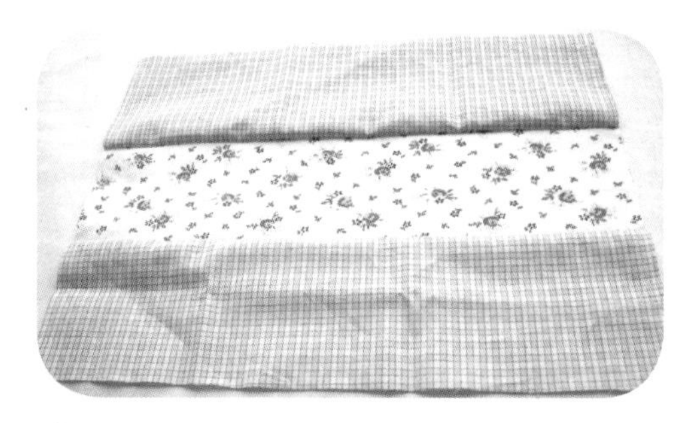

❶ 裁出 8 厘米 ×26 厘米的格子布 2 片，花布 1 片，将其拼缝。注意：布的大小可根据水壶的大小灵活调整。

❷ 裁好相同大小的铺棉和底布，垫好进行疏缝后压线。

❸ 如图，剪去多余的铺棉和底布，拆去疏缝线，然后缝上两道花边。

❹ 将其对折后，侧边进行缝合，制作成圆筒状。

❺ 将侧边滚边。

❻ 剪出 1 片直径为 8 厘米的圆形布片，将其垫上铺棉和底布，疏缝后压线。

7. 将圆形布片和步骤5进行缝合。

8. 将毛边缝份处滚边。

9. 翻至正面，如图所示。

10. 裁出1片26厘米×6厘米的长方形布片，作为袋口的抽绳布。将两侧卷边缝好，但前端不要缝合，以便于之后穿绳。

11. 将其对折后，在离上沿1.5厘米处用缝纫机缝制1道线，这里就有了一个通道，后面就可以穿上绳子了。

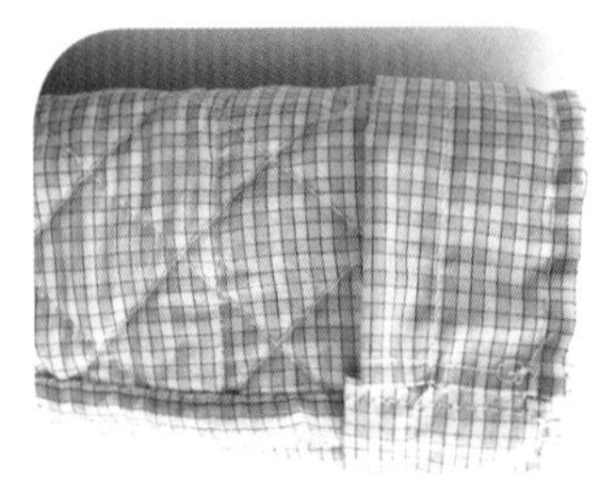

12. 将步骤11固定在袋口的里面，接缝处用藏针法进行缝合。

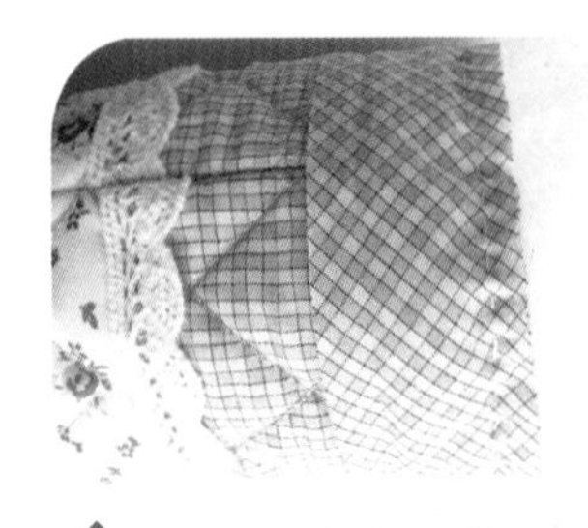

13. 如图，在袋口的正面进行滚边。

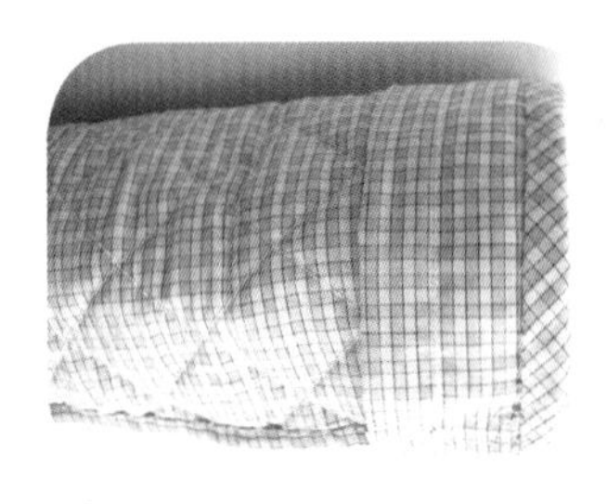

14. 如图将滚边条翻到里面时正好压缝住袋口的抽绳布。

15. 穿上棉绳。

16. 缝上提手，作品完成。

保温茶壶套和杯垫

材料

圆点布，花布，格子布，铺棉，花边，绣线，扣子 2 颗。

制作步骤

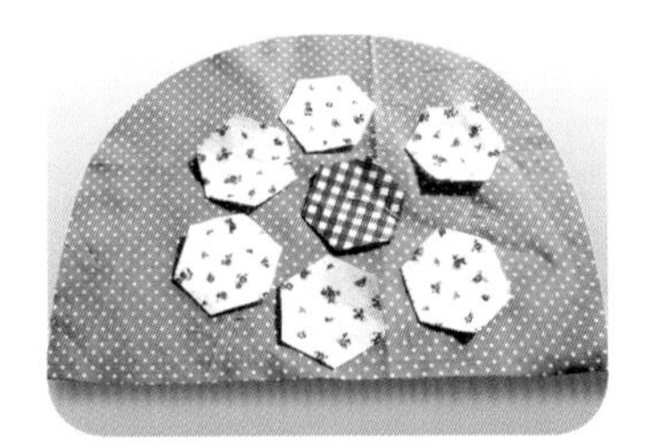

1. 如图剪出 1 块半圆的粉色花布，接着再剪出 7 片六边形的花布。

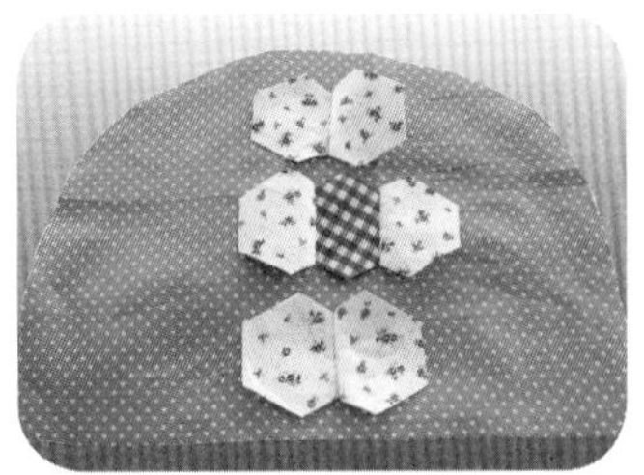

2. 如图将六边形花布按照两个 1 排缝两组、3 个 1 排缝 1 组的方法拼缝起来。

3. 将它们组合，拼缝成 1 朵花的形状，如图所示。

4. 将缝份内折，并用疏缝线固定。

5. 背面的缝份向内，可用熨斗烫平，如图所示。

6. 将花朵贴缝在半圆形的粉色布片上。

7. 如图，垫上铺棉，进行疏缝，然后再按图案压线。

8. 压好线后，在如图位置缝上 1 条花边。

9. 裁剪出 1 块同样大小的底布，与步骤 8 正面相对缝好，下面一排不缝。

10. 如图，剪去缝份部分的棉，这样翻面后会比较平整。

11. 翻到正面后的效果。用同样的方法制作出另外1片。

12. 将两片半圆用藏针法缝合。

13. 底部仍然是开口的状态。

14. 用布将底部滚1圈边。

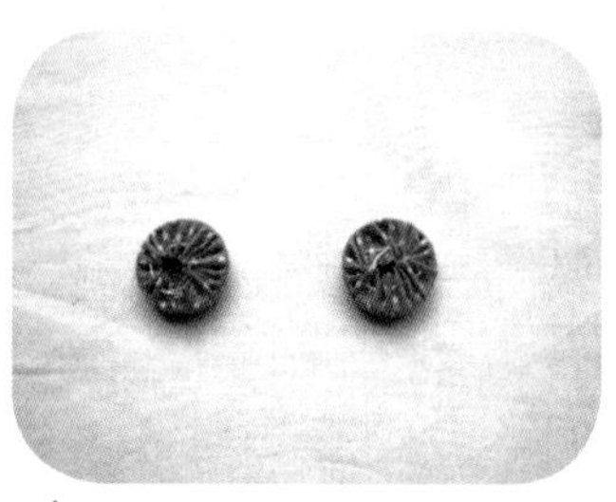

15. 用同色布包好两颗扣子。

16. 将两颗扣子如图用藏针法缝合起来。

17. 将扣子缝在茶壶套上部的正中位置。

18. 杯垫的制作方法和茶壶套制作方法一样，先拼缝六边形花朵，然后贴缝在圆形底布上。

19. 压线后剪去多余的铺棉和底布。

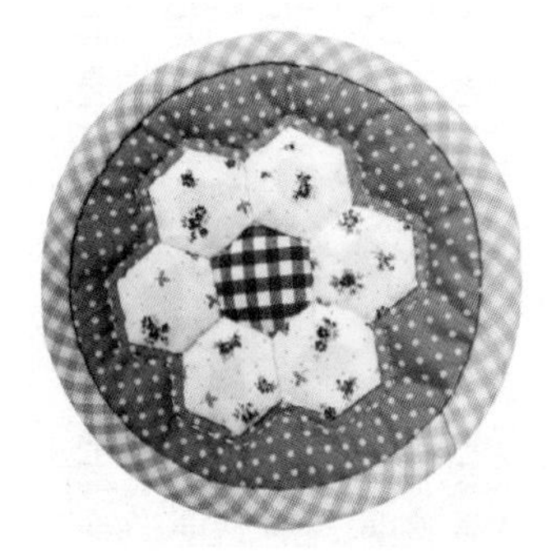

20. 将杯垫滚1圈边，作品完成。

精致餐具收纳袋

材料

花布，格子布，花边，丝带，铺棉，绣线。

制作步骤

1. 剪出两片 26 厘米 ×7 厘米的格子布，1 片 26 厘米 ×7 厘米的花布，将它们如图进行拼缝。

2. 垫上铺棉，然后将花边缝在上面，表布即制作完成。

3. 剪出 1 片 22 厘米 ×16 厘米的花布，并在它上面划出三等分线。

4. 用格子布剪出三片心形，将其贴缝在适当的位置上。

5. 缝出三等分线并缝上花边，如图所示。

6. 剪出两片梯形布，底边不缝，其他 3 边缝制 1 圈。

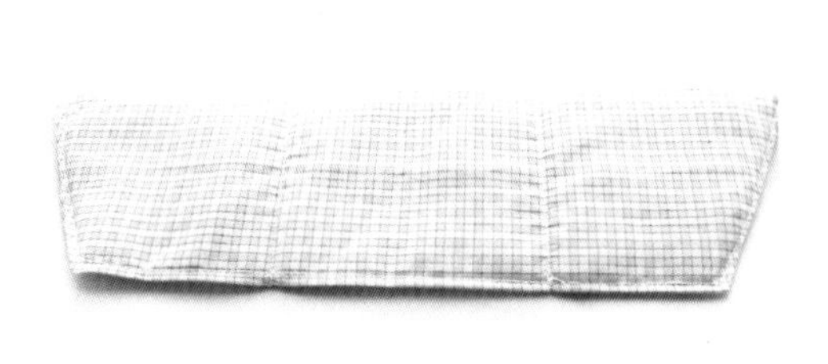

7. 翻至正面，然后再压 1 圈线，并且用缝纫机缝出三等分线，如图所示。

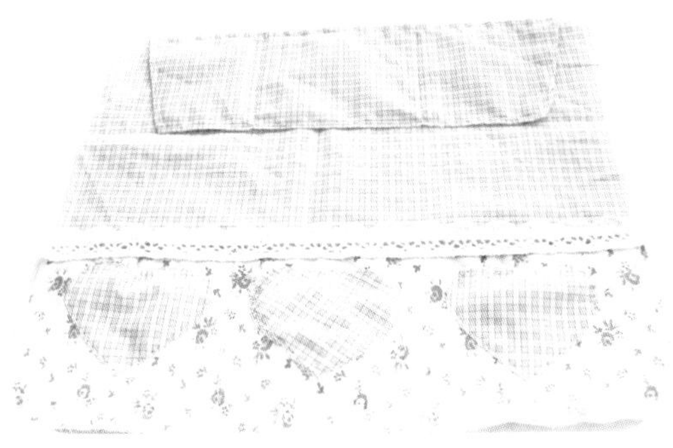

8. 剪出 1 块大小和表布相同的格子布，将刚才制作好的两块口袋布如图缝好。

9. 将表布和里布正面相对进行缝合并留返口。

10. 将缝份多余的铺棉剪掉。

11. 翻至正面，缝合返口。

12. 放入餐具的样子。

13. 折成 3 折，再用丝带系住，作品完成。

实用厨房三件套

材料

粉色草莓布，粉色格子布，铺棉，绣线。

制作步骤

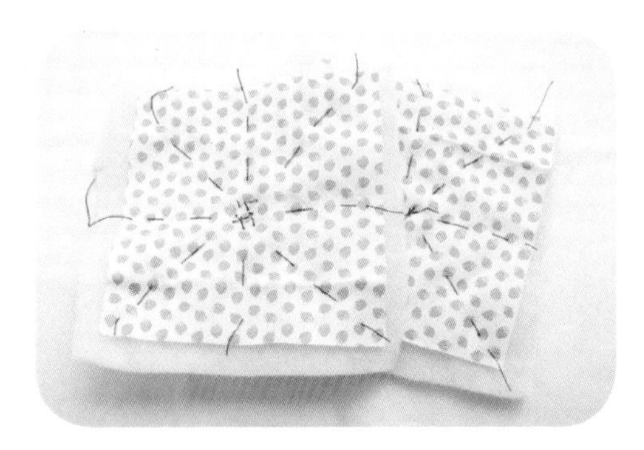

1. 剪出两片 14 厘米 ×14 厘米的粉色草莓布作为表布，再垫上铺棉和底布进行疏缝。注意：铺棉和底布需略大于表布。

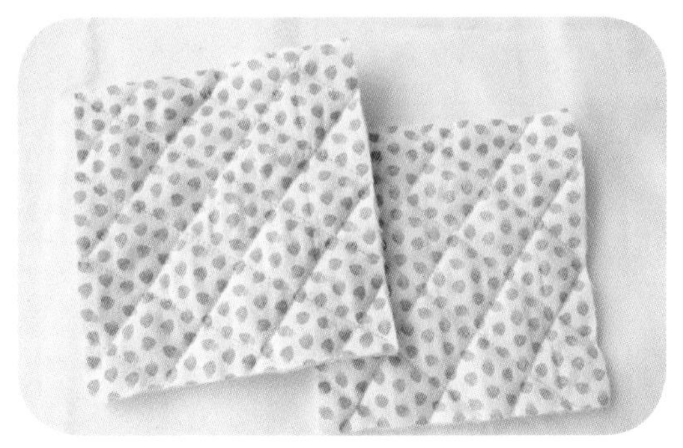

2. 如图压线，完成后，剪去多余的铺棉和底布。

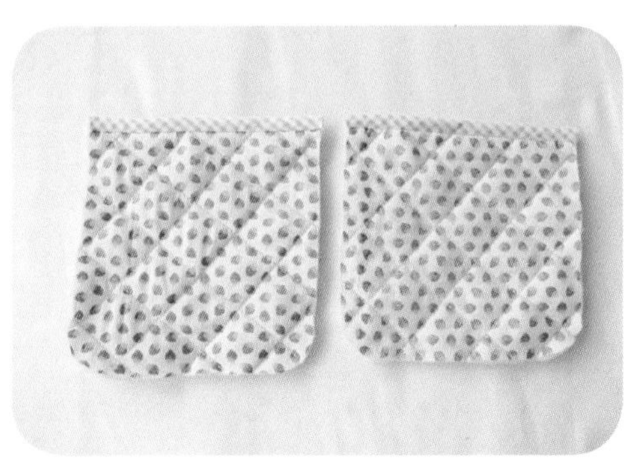

3. 将上端滚边，并将两个底角修成圆角。

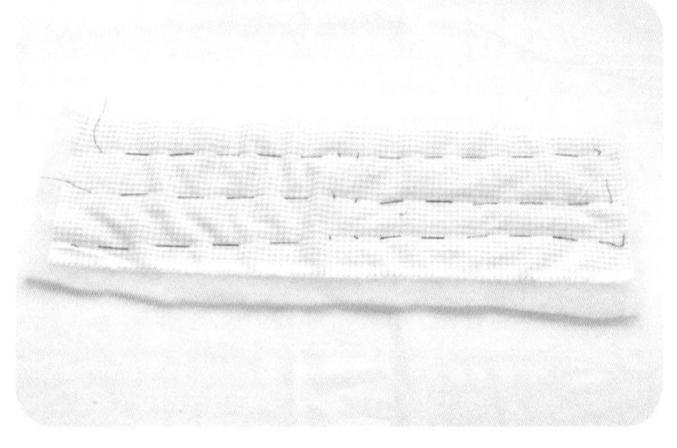

4. 剪出 1 片 14 厘米 ×54 厘米的粉色格子布，画好压线，垫上铺棉和底布，再进行疏缝。

5. 如图压线。

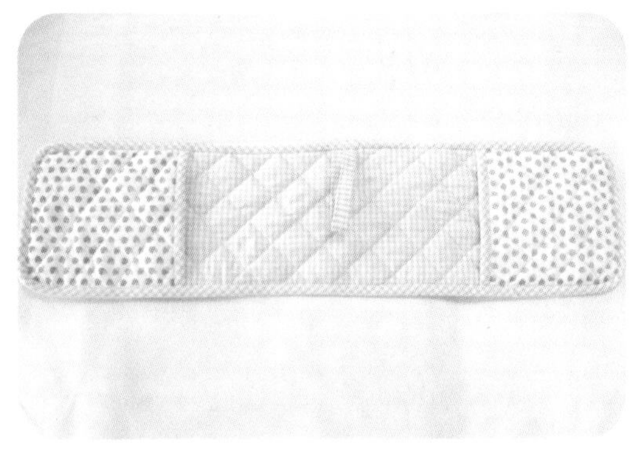

6. 将完成后的步骤 4 和步骤 5 重叠，如图滚边，如此即制作完成了端锅用的隔热手套。

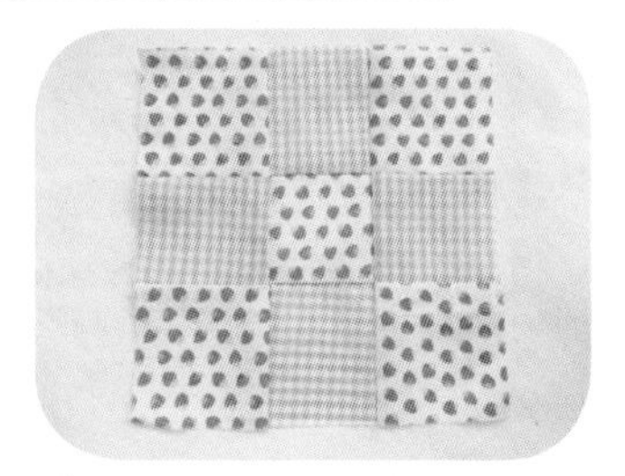

7. 将5厘米×5厘米的4片格子布和5片草莓布如图进行拼缝。

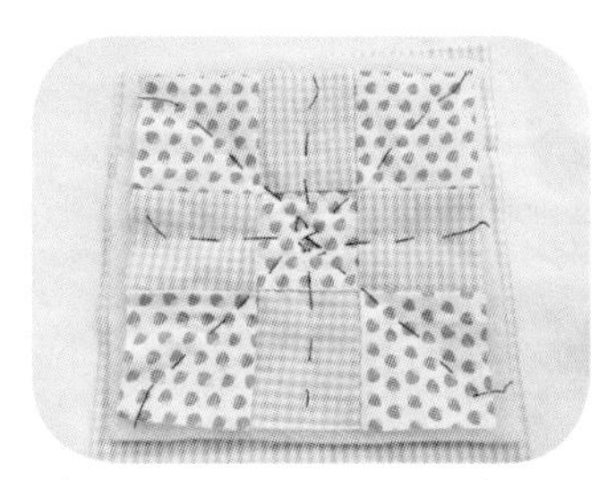

8. 垫上铺棉和底布，并画好压线，然后疏缝。

9. 如图压线，然后再将4个角修圆。

10. 滚边，隔热垫1制作完成。

11. 剪出两个直径为20厘米的半圆布片，同餐垫做法一样也进行铺棉、疏缝，然后压线，如图所示。

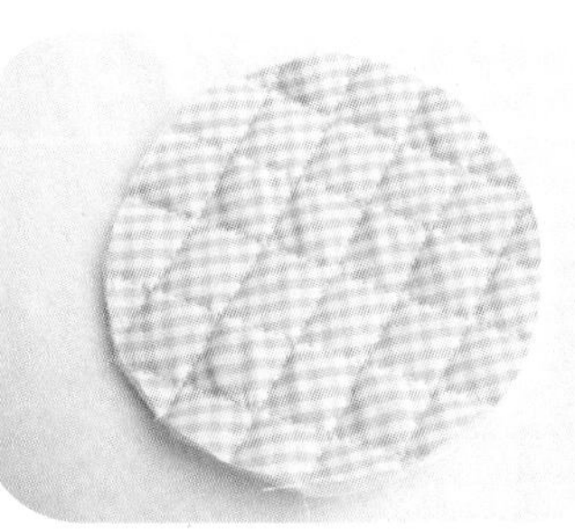

12. 剪出1个直径为20厘米的整圆，也压好线。

13. 将两个半圆的直边进行滚边。

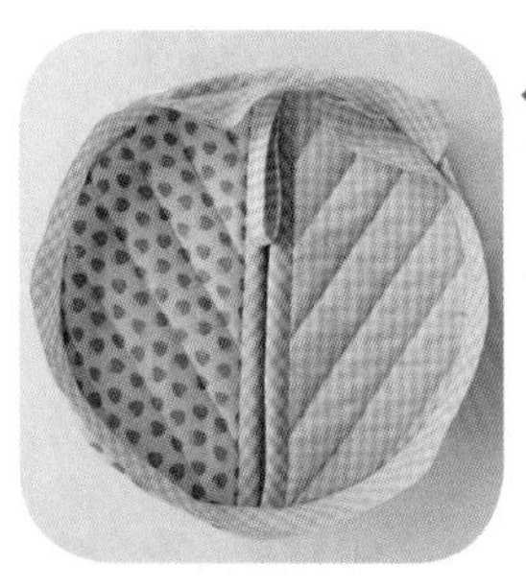

14. 将整圆的上面重合步骤12的两个半圆，再将它进行滚边，使它成为一个整体，如此即完成了隔热垫2的制作。

15. 三件套完成的样子。

粉色便当袋

材 料

粉色花布，粉色方格布，铺棉，绣线。

制 作 步 骤

1. 剪出 3 块相同尺寸的里布、铺棉、表布。

2. 将里布、铺棉、表布依次铺平放整齐。

3. 铺好后，如图在上面压出均匀的明线。

4. 压完明线后，对折并将边缝合，缝好后展开就是筒状了。

5. 剪出 3 块直径相同的圆形里布、铺棉、表布（直径与圆筒底部直径相同）。

6. 将里布、铺棉、表布依次放好。

7. 周围缝制 1 圈。

8. 将筒身和筒底缝合 1 圈。

9. 剪 1 条宽 3 厘米的包带。

10. 如图给底部滚边。

11. 用剪刀剪出 1 条宽 6 厘米的布片。

12. 对折缝合，翻转过来后用熨斗烫平，用来做包带。

13. 剪出 1 个长方形小布块。

14. 对折缝合 1 圈后，在布片上剪 1 个 1.5 厘米的返口，翻转过来，将它做成 1 个蝴蝶结。

15. 把蝴蝶结和包带一起缝制好，作品完成。

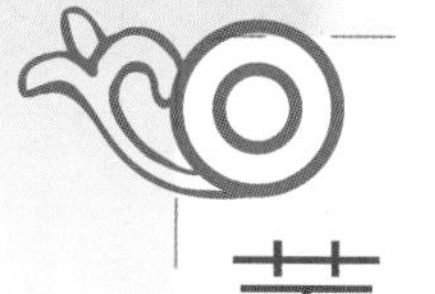

苹果餐垫

材 料

花布，铺棉，红色花边，绣线。

制 作 步 骤

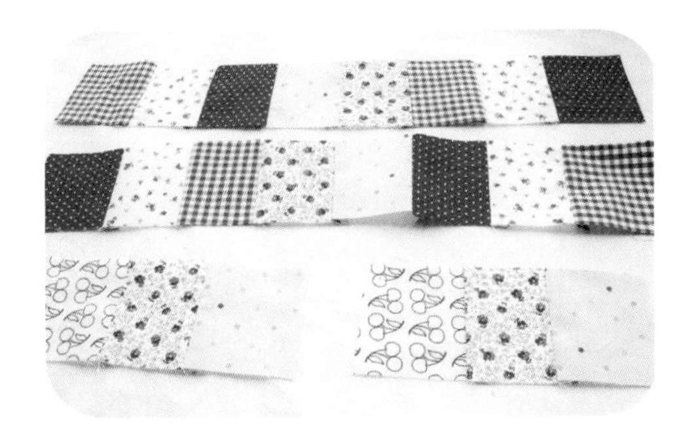

❶ 如图，将8片花布块拼成1排，共拼两组；将3片花布块拼成1排，同样拼两组。

❷ 裁剪出1片长方形的布块，其尺寸为32厘米×17厘米。

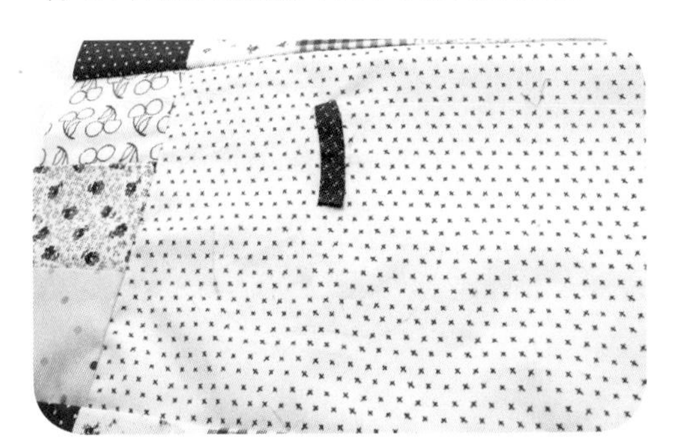

❸ 如图，将步骤1和步骤2拼缝成1个长方形整体，并在中间的底布上用水消笔画出苹果图案，以及后面要缝花边的线，用藏针法缝合苹果梗。

❹ 剪出1个苹果的纸型，再剪1块比纸型稍大的布片，沿布片用平针法缝合1圈后，将纸板放进去并抽紧，烫平缝份后抽出纸板，如图所示。

❺ 将苹果图案用藏针法缝在水消笔画的位置。

❻ 如图缝上1片苹果叶子。

7 如图两个苹果都贴好后表布即制作完成。

8 垫上铺棉和底布，并进行疏缝。

9 放大图看一下压线。注意:需沿苹果的外圈压 1 圈线。

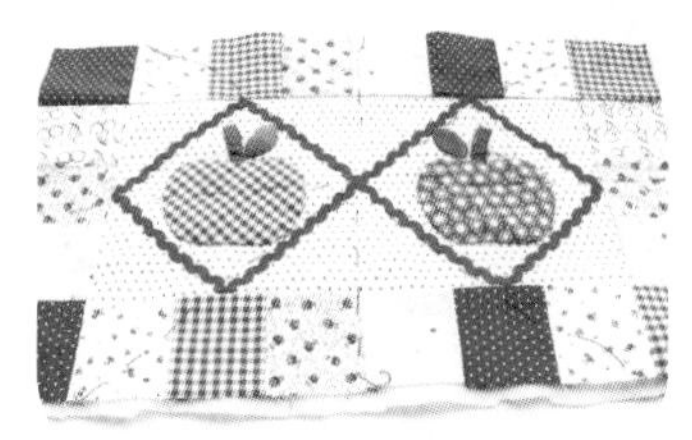

10 如图，沿着之前用水消笔画的轮廓缝上红色的花边。

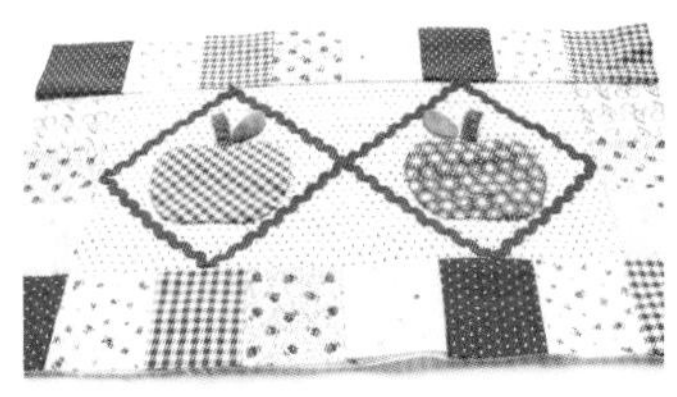

11 剪去多余的铺棉，然后拆去疏缝线。

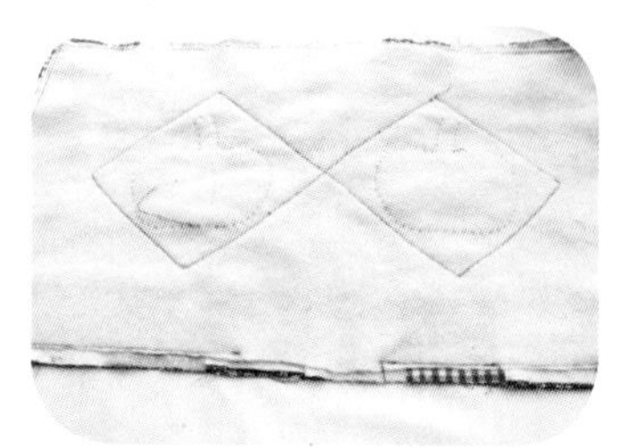

12 剪出 1 块底布和步骤 11 正面相对缝合 1 圈，留出返口，并剪去缝份多余的棉。

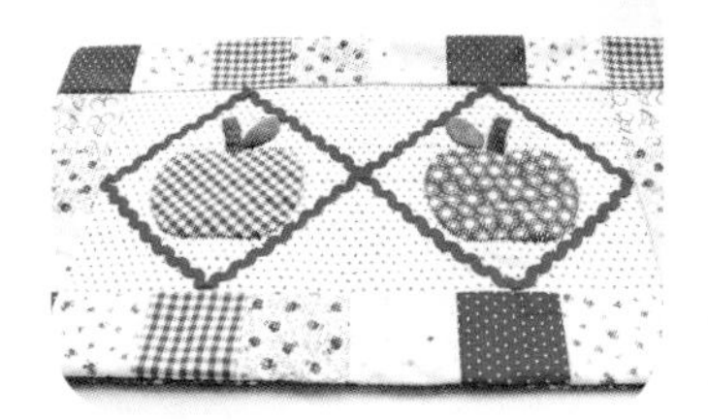

13 翻至正面，并用藏针法缝合返口，主餐垫即制作完成。

14 剪出 1 块 17 厘米 × 17 厘米的正方形底布，然后用藏针法缝上苹果图案。

15 垫上铺棉，缝上红色花边。

16 剪出 1 块底布，正面相对并缝合 1 圈，留出返口，剪去缝份多余的棉。

17 翻至正面，用藏针法缝合返口，副餐垫即制作完成。

碎花隔热手套

材料

红色花布，黑白方格布，绣线，铺棉。

制作步骤

1. 如图剪出手套表布、里布各两片，宽 3 厘米的布条 1 根。

2. 把剪好的两块表布铺平。

3. 准备两块和表布尺寸相符的铺棉。

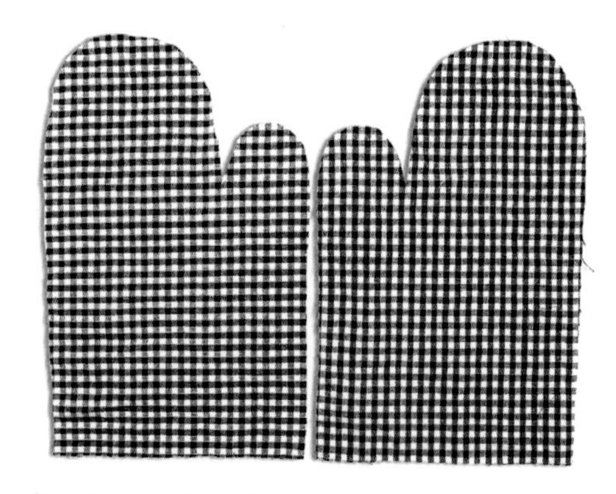

4. 将两块剪好的里布铺平。

5. 剪两块白色的内里布。

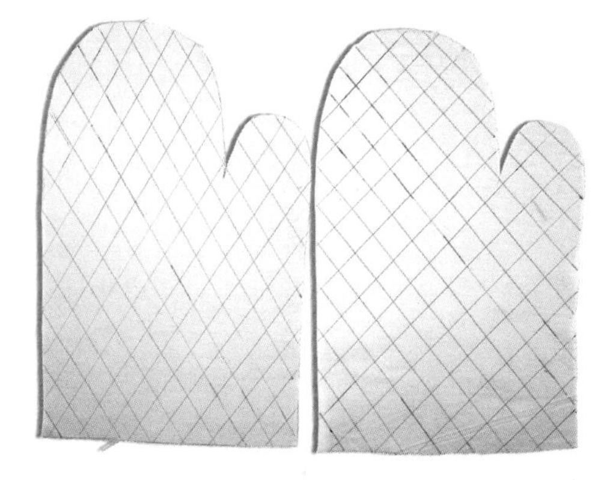

6. 在内里布上画上对称的小方格。

7. 将 1 块表布、铺棉、内里布对齐，按画好的小方格压线，另外一边也照此法做出来。

8. 将两块压好线的手掌面和手背面相对缝制 1 圈。

9. 缝好后，翻转过来。

10. 将两块里布缝合。

11. 将缝好的里布直接套入手套里面。

12. 将里布与表布对齐，用针线固定。

13. 完成后的样子。

14. 用事先准备好的布条将手套口包缝 1 圈。

15. 包完边的样子。

15. 将 1 条用于悬挂的带子缝制在手套上，作品完成。

图书在版编目（CIP）数据

精美居家布杂货 / 犀文图书编著 . — 天津 : 天津科技翻译出版有限公司, 2014.11
ISBN 978-7-5433-3439-7

Ⅰ. ①精… Ⅱ. ①犀… Ⅲ. ①布艺－手工艺品－制作 Ⅳ. ① TS973.5

中国版本图书馆 CIP 数据核字 (2014) 第 209608 号

出　　版：天津科技翻译出版有限公司
出 版 人：刘　庆
地　　址：天津市南开区白堤路 244 号
邮政编码：300192
电　　话：（022）87894896
传　　真：（022）87895650
网　　址：www.tsttpc.com
策　　划：犀文图书
印　　刷：广州佳达彩印有限公司
发　　行：全国新华书店
版本记录：787 × 1092　16 开本　8 印张　100 千字
2014 年 11 月第 1 版　2014 年 11 月第 1 次印刷
定价：24.80 元